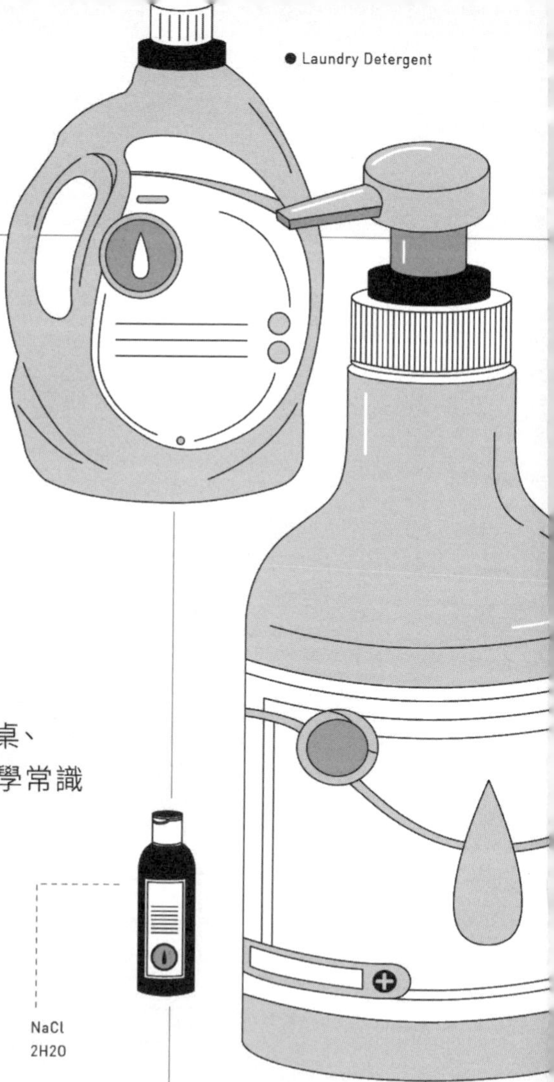

謝玠揚的 長化短說

化工博士教你一定要知道的餐桌、
美容保養、居家清潔的 58 個化學常識

謝玠揚··········著

推薦序

從象牙塔到菜市場

王翔郁（美國普渡大學化工博士、國立清華大學工程與系統科學系副教授）

我是在成為台大化工新鮮人的那一天就認識作者，算算已經十幾年了。因為謝博士和我學號的最後三碼是一樣的，他於是成為我的直屬學長；這位直屬學長不僅給我許多學業上的建議，也讓我見識到他願意為自己的理念付出的堅持與勇氣。

比方說，當時系上決定聘任一位備受爭議的教師，像我這樣的普通學生，就算心裡有點困惑，也只是選擇默默接受。但學長卻挺身而出與系上、學校溝通，理性提出此事的爭議與風險。身為一個學生卻站出來跟系上管理階層對抗，我很難想像為什麼有人要去承受這種壓力？後來才明白，這就是謝博士不去做，他心裡會不痛快的事情。

謝博士從學生時代就如此仗義執言，因此當我後來讀到謝博士的「長化短說」系列文章時，一點也不驚訝：看不下去社會上流傳錯誤的觀念、大眾被操弄或蒙蔽，非說些什麼不可，這就是謝博士的個性。每次學長有新文章發表，我都會認真拜讀，並且佩服於他的文筆——因為在大學任教，我很清楚在學校課堂中，最困難的就是將專業知識，轉為學生能夠迅速理解內化的資訊；但要知道，在我課堂上的大學生早都具有一定程度的背景知識，謝博士專欄的讀者卻是更廣泛的一般大眾，因此文章內容不但要具備正確的專業知識，還要能夠平易簡單讓讀者能夠理解信服。要寫出這樣的文章，作者不但要有深厚的科學知識背景，還要有足夠的表達能力。我所認識的謝博士除了是專業化工人，閒暇的興趣竟然是文學和歷史；我想，除了謝博士之外，大概很難找到第二人選來寫「長化短說」這樣的化學科普專欄。

謝博士在求學時期由調配玻尿酸原液，引發事業靈感，這至今仍是學弟妹們津津樂道的故事。直到現在，他的團隊已是十年有成的國際公司，但在他身上依然可以看到從學生時代就不曾改變的，對於事實以及理念的堅持；我想這應該是支持謝博士在忙碌的空中飛人生活中，持續為讀者撥空撰寫專文的最大動力。

隨著網路發達，我們已經身處一個資訊氾濫的時代。對於沒有專業背景的人，被行銷廣告欺騙、被網路謠言蒙蔽、或被媒體標題恐嚇，其實每天都在發生！謝博士的文章不僅提供讀者正確的資訊，更重要的是教育讀者必須先了解事實再下評論，所以我認為「長化短說」專欄的價值遠遠大於傳遞化工知識的平台。因此，我非常開心看到這本書的誕生，也由衷推薦給對於事實以及理念有所追求的讀者們。

自序

喜歡買「不含化學成分」的用品？其實，這種東西根本不存在

知名國際科學期刊《自然—化學》（*Nature Chemistry*）前陣子以「無添加化學物」為主題，發表了一篇有趣的文章。內文這樣寫道：

「食品、化妝品的製造商在行銷宣傳中大量使用『無添加化學物』（Chemical Free）這個字眼，這個字常常被錯誤地使用，並暗示該產品是健康、源自天然的。我們徹底檢視並分析了這些產品，包含乳液、化妝品、草本食品、家用清潔劑、食物和飲料。本文將列出所有我們已知正確使用『無化學成分』的所有產品。」

你以為在這段文字之後會看到一長串的產品清單，並且打算從此在賣場中遵循這個清單採買？很遺憾，在這段文字之後顯示的是——本文以下空白。根本沒有任何一項產品被列在這裡。《自然—化學》用這篇看似正經的文章，諷刺所謂的「無添加化學物」的產品其實根本不存在！

看到這篇文章，我心裡真是百感交集：終於越來越多人肯出來說真話，不再放任市

場上那些欺騙大眾的行銷字眼了。

舉一個最有趣的例子，這幾年在台灣民生消費市場上吹起一片風潮的「無添加」，尤其是在健康食品及美妝類商品，有時根本直接在商品名稱前面冠上這三個字。再加上這幾年民生用品、食品安全問題不斷，可以看到有很多業者大大的標榜他們是「無添加」產品，嘗試取得消費者的信賴。不過，所謂「無添加」的定義到底是什麼呢？

台灣有許多的語彙都來自於日本，譬如目前當紅的「小確幸」來自於村上春樹的作品，便利超商的「御飯糰」、「宅急便」也是日文詞彙嫁接而成。「無添加」的來源也是日本，但就像原本代表乾脆、爽口的「阿莎力」，飄洋來台變成豪邁、海派之意一樣，「無添加」在台灣的理解已經不同於原始的內涵。

「無添加」到底是沒添加什麼？這個詞的由來要追溯到日本的厚生省（化妝產品管理部門）早在五十多年前（一九六〇年）制定的「藥事法」，以先審再上市為原則，定義了一〇二種「表示指定成分」，包括了防腐劑、界面活性劑、乳化劑、紫外線吸收劑、抗氧化劑、人造色素、人造香料、螢光劑等等。如果業者有使用這一〇二種成分，就必須標示在包裝上；如果沒有，包裝上可以完全不用列出成分表，直接標注「無添加」。所以「無添加」在以前的日本，是有明確的意涵的：本產品不包含日本法規所定義的一〇二種成分。

「以前的日本？」

對，以前的日本。因為早在二〇〇一年四月之後，日本就實施了全成分標示——簡單說，現在在日本根本就沒有「無添加」的產品了。所以現在廠商宣稱所謂的「無添加」，其實根本就沒有明確標準，也沒有主管機關把關。況且，就算是拿五十年前規定的一〇二種成分來看，很多號稱「遵守日本厚生省無添加規範」的廠商，大概根本就沒去翻過規範：因為產品成分表上列出來的成分，根本就在一〇二種之中啊！

所以，不只化妝保養品，食品以及其他民生用品也一樣，「無添加」根本已經變成了純粹的行銷術語。看到這三個字，務必要張大眼睛看、仔細想想，到底是無添加了什麼？

針對市場上常見的幾種宣稱方式，我們來看看到底有沒道理：

- 無添加色素、香料

這個是可能的。

- 無添加防腐劑

這個就有趣了。很多廠商只是玩弄文字遊戲，把事實上是防腐劑的成分，改稱呼為其他名字。真正要做到無添加防腐劑，只有一個方法，那就是無菌充填、無菌包裝。如果是一次用不完的東西，還得搭配上不會逆流、不會讓空氣進入的密封式瓶罐，才能真正做到無添加防腐劑，同時保障產品安全。我只能說，的確是有認真用心的廠商推出這樣的產品，但真的非常非常非常少。

●無添加人體有害物質

這句話根本是笑話。連喝水喝太多、鹽巴吃太多，都有可能中毒了，哪有可能保證絕對沒有「人體有害物質」呢？

●無添加人工化學物質

別鬧了！除非是純天然，未經加工，也沒使用任何肥料或除蟲劑的農產品，否則是不可能完全沒有人工化學物質的。

身為明智的消費者，我們要有個觀念，看到「無添加」，第一個就要去問、去想，到底是無添加哪些東西？而不要盲目地相信什麼化學成分都沒有添加。況且，許多業者在宣稱「無添加」時，是相當有爭議空間的，他們自己替無添加下了個定義，用小到不能再小的字印在包裝、DM角落，再把「無添加」三個字大大的展示出來。

實際上去搜尋所謂的「無添加」產品，有趣的是，舉凡從化妝品、食品、民生用品，這些大喇喇打著無添加字號的商品，要嘛就是沒有全成分表，讓你根本無從判斷無添加什麼、添加了什麼；要嘛就是成分表裡面赫然出現他們宣稱不加進去的東西。

很多事情了解了就不怕。以防腐劑來說，防腐劑是必要之惡，一罐長滿細菌的商品，絕對比有添加防腐劑的商品來得更可怕；再舉個例子，石化、化學原料。只有完全沒有知識背景的人，才會見到黑影就開槍，說出「這些名字看起來就是化學原料的成分，怎麼可以用在人體？」這種傻話。

菜餚裡有氯化鈉、飲料裡有乙醇、甜點裡有β-D-fructofuranosyl-（2→1）-α-D-glucopyranoside，看起來都好可怕，你一定會覺得不能吃，但它們其實就是鹽、酒精跟蔗糖啊！與其盲目追求、相信「無添加」、「純天然有機」，倒不如好好選擇有清楚標示全成分的商品，判斷到底安不安全。

本書謹獻給所有需要購買「含化學成分」產品的你和妳，一句老話，知識就是力量，懂得越多，就越不會被這種似是而非的恐嚇行銷所欺瞞了。

目錄 CONTENTS

第二篇 美容保養的化學常識

目錄
CONTENTS

第三篇 居家清潔的化學常識

第四篇　環境中的化學常識

第1篇

餐桌上的化學常識

01 怎麼「洗蔬果」才能避免農藥殘留

這幾年，台灣的新聞版面屢屢被「食安」相關議題占據，為了家人的健康，媽媽們可以說是使出渾身解數，連「自製豬油」都成為媽媽們的廚房必備技能！

「要會自製豬油？太硬了！自己下廚果然難如登天啊！」

別急，我們暫且不談「自製豬油」如此進階的技能，從最簡單的「清洗蔬果」開始聊。

「洗菜」看似簡單，不過要怎麼洗、用什麼洗才能避免「農藥殘留」的問題？市面上五花八門的蔬果清潔劑、臭氧機，或是網路流傳的「用洗米水洗菜」等小技巧，到底哪個方式才真正有效，應該讓不少媽媽傷透腦筋。讓我們從認識農藥開始，聊聊「洗菜」這門學問吧！

農藥分成什麼種類？

一提到農藥，大家的印象可能都是來自古早社會新聞中的「喝農藥自殺」，所以難免會有農藥是絕對致命、沾到手就會掛的恐懼心理。

農藥主要分成兩種：「接觸性」以及「系統性」。接觸性農藥就是直接噴在蔬果表面，杜絕蟲害，接觸性農藥會隨著時間因日曬分解，或是被雨水沖刷帶走。系統性農藥，則是透過植物葉片的氣孔或根部進入植物，停留在植株內時間較久，靠植物本身的酵素去慢慢分解，也是需要時間。

如何挑選蔬果，避免農藥殘留？

不論是接觸性還是系統性農藥，其實都是需要時間自然分解的，因此，第一個要了解的就是「農藥安全採收期」：為了讓農藥自然分解，在噴灑農藥後不能馬上採收，必須經過一定時間才能收成。所以，颱風前搶收的蔬果，因為是搶摘，都可能會有農藥殘留較高的疑慮。

再來，「非其時不食」。植物在自己的產季，因為氣候條件適當，自然會旺盛生長，就不需要太多農藥；如果非產季，為了長得好，免不了就要用比較多的農藥。所以身為消費者的我們，最好不要有「非當季的水果比較珍稀」的想法，到頭來，害到自己也害到環境。

有些蔬果例如茄子和辣椒，在產季的時候會不斷長出新果實，農人必須連續採收，所以往往沒有辦法很切實地遵守「安全採收期」：今天噴藥，明天剛好成熟的，摘不摘？另外，有些比較貴的蔬果，因為被蟲吃掉一顆就賠大了，所以農藥也會比較多。在清洗這兩類蔬果的時候，都要特別注意農藥殘留。

常見的清洗方法

其實訂定農藥殘留標準，以及檢驗農藥殘留時，都是以整顆未經清洗的蔬果直接打碎檢驗的：這表示，如果經過適當清洗，其實對於農藥殘留不用這麼恐慌。那到底該怎麼洗呢？先來看看一些常見的「撇步」到底是不是符合化學常識吧！

洗米水、鹽水

洗米水含有一些澱粉質、礦物質和有機物，拿去澆花草是不錯，但它同時也含有各種灰塵、細菌、農藥以及蟲卵，如果把蔬菜泡在裡面，會乾淨嗎？我建議洗過米的水還是不要再來接觸其他食物比較好。至於鹽水，並沒有辦法讓農藥更容易溶解，如果泡太久，反而有可能讓農藥再被吸收進去，所以不要用比較好。

蔬果清潔劑

蔬果清潔劑其實就是界面活性劑，的確能帶走農藥，不過使用之後還是要用大量清水再沖洗一次，不然清潔劑又會殘留。

蔬果清洗臭氧機

許多農藥並非臭氧可以分解，而且臭氧活性很強，要是跟其他成分起反應，反而造成不必要的風險。

該怎麼清洗呢？

那到底應該要怎麼做呢？答案其實很簡單：就是清水！把蔬果處理後，先用清水浸泡五～十分鐘，再一一清洗，可以搭配軟毛刷清洗表面。這樣就很足夠了。

農藥不耐高溫，如果是葉菜類，其實只要用水燙過，幾乎都不會有農藥殘留。所以，別再生吃蔬菜了，用水燙過，安全很多。當然，第一次汆燙的水，可得倒掉，不要留下來喝喔！泡茶也是，如果擔心茶包、茶葉有農藥殘留，第一次可以用滾水迅速沖泡後倒掉，之後再開始泡茶，就不用太擔心農藥殘留了。

還有，大部分農藥都是接觸性，也就是只噴灑在表面不會被蔬果吸收進去，所以只要去皮，就可以完全避免農藥殘留了。大家不要再困擾於該用什麼洗蔬果，而是要了解「該怎麼用水好好洗蔬果」，希望大家都能吃得健康！

02 用正確的油煮安全的菜，你一定要認識「發煙點」

台灣以美食聞名，而以「煎、炒、炸」料理的高油料理，因為撲鼻的香味跟特殊的口感，往往讓人出筷時深感罪惡卻又無法抗拒。不過，烹飪這些料理時，「使用正確的油」是非常重要的關鍵。有時候在熱炒店看著大廚們甩著鍋「大火快炒」，或是料理節目教大家「燒到油冒煙才下鍋」，甚至是銷售人員說：「廚房只需要這一瓶油就搞定啦！不管什麼料理都可以用」的時刻，我的內心都會捏一把冷汗。正確使用料理油的健康法則是什麼呢？

發煙點是油產生變質的關鍵

食用油的「發煙點」是一個很重要的關鍵。什麼是發煙點呢？讓我們來想想煎荷包蛋的過程！剛打破的蛋一開始是半透明、有流動性的，隨著加熱時間越久、溫度越高，蛋就漸漸渾濁，然後凝固，如果不小心煎得更久，就會燒焦、變黑。煎蛋的過程是一個不可逆的化學變化，油的加熱也是類似的。一旦超過發煙點，油就會開始變質，再也回不去了！但是每種油的發煙點都各不相同，想想我們做菜時，有些料理只要低溫加熱，有些則是高溫炒炸，所以使用的油類也必須不同，別再一罐油撐遍天下了。

這裡列出常見烹調方法的溫度，以及適用的油品供大家參考：

五十度C以下：幾乎所有食用油都不會發煙。除了奶油、豬油、椰子油呈現固體較難使用外，所有食用油都適合。

一百度C：這是水炒的溫度，可以使用未精煉的葵花油、紅花籽油、亞麻仁油、菜籽油，以及小麥胚芽油、牛油。

一五〇度C～一七五度C：中、小火炒約在這個溫度，未精煉的大豆油、花生油、玉米油、冷壓初榨橄欖油、芝麻油、奶油、椰子油都是可以的。

一七五度C～二百度C：大火炒或煎炸時，鍋內有時會達到二百度C左右高溫，這時候就一定要使用發煙點高、耐高溫的油，例如杏仁油、苦茶油、棕櫚油，以及精煉後的大豆油、花生油、葵花油、紅花籽油、橄欖油、椰子油。其實，大部分精煉／精製後的油，幾乎都可以高溫下使用，原因後面會說明。

另外，有兩點提醒大家：

第一，溫度越高，油脂氧化速度就越快。當烹煮溫度在二百度以上時，油脂會以非常快的速度氧化，所以還是不建議用高溫烹調食物，不只會傷害食材的營養成分，一不小心過了發煙點也容易讓油產生變質。

第二，不知道大家有沒有發現，不飽和脂肪酸越高的油，其實越不耐熱。可是市面上很多標榜精煉過後的油，訴求耐高溫、又富含多元不飽和脂肪酸，這是怎麼回事呢？天啊！別鬧了！所謂「精煉／精製」，其實就是讓不飽和脂肪酸轉換成飽和脂肪酸。舉個例子：葵花油。天然葵花油不飽和脂肪酸含量高，所以不適合高溫烹調，但精煉過後，的確可以耐高溫，但同時不飽和脂肪酸含量也降低了。所以，為了健康而去選擇「富含不飽和脂肪酸」油類的朋友要注意了，如果想高溫煎炸，就直接選本來就適合高溫烹炸、飽和脂肪酸含量高的油，不要再去買「精煉後的富含不飽和脂肪酸的油」了。

此外，精煉的過程中，不只不飽和脂肪酸比例降低，其實許多營養成分也會流失。一般市售的調合用油，強調「一瓶搞定」，就是因為經過精製或氫化處理。原本各成分油所含的營養，經過精製後，一定有所損失。我的建議是，如果因為天然營養素豐富而使用橄欖油，就用純的，但不要在高溫使用；如果買一瓶保證含五〇％橄欖油的調和油，看到有五〇％橄欖油很開心、又便宜，但你有沒有想過，另外五〇％是什麼呢？真的是你想要的油嗎？

好好保存很重要：儲存方式讓油減少變質的撇步

油的保存其實很簡單，要記得的三大重點，剛好就是生物的生命要素，陽光、水、空氣。

預防光線的照射：光線會造成油脂的「光氧化」，使油脂中的養分降低，因此可以使用暗色的瓶子裝填油品。

防止水分的進入：水分是食物變質的主要原因，將鮮魚、肉類曬成乾，就能儲放。油脂也一樣，若有水滲入，會引起水解作用，使氧化加快。因此別將油品放在潮濕的地方；此外，烹調時，將水瀝乾再下鍋，就能避免油爆以及變質產生。

阻止空氣的侵入：任何的食物，只要接觸空氣愈多，就容易因為氧氣，而產生氧化。可選用窄口的玻璃瓶儲存油品，因為比較不透氣，可以有效阻隔外在空氣對油品的影響。

最後還是要提醒大家：煎、炸的食物固然美味，但是對健康真的不好。因為油脂高溫處理之後容易產生自由基，並且，就算是上述「耐高溫」的油類，經過一再的高溫（例如鹽酥雞、雞排攤的回鍋油）還是會變質，甚至產生致癌物質！請大家要有所節制。希望大家能正確、健康的選油、用油。

03 味精不健康？那鷄粉、柴魚粉比較好嗎？

「老闆，不要加味精。」在外食店聽到這句話，好像已經成了一種時尚。一講到味精，大概是台灣人少數有共識的話題，大家對味精的印象十分一致：「不健康」、「吃了會口渴」、「中國餐館症候群」等等。

到底味精是什麼？真的有大家認為的這麼可怕嗎？我想，看完這篇文章後，了解事實的你，應該會有所改觀，至少將味精僅有的清白還給它。

味精是什麼？

味精的學名是麩胺酸鈉（monosodium glutamate, MSG），是一種胺基酸的鈉鹽。人類會發現味精，是因為海帶、柴魚熬煮的湯頭中，有一種「鮮味」，跟酸甜苦鹹都不一樣，於是日本科學家針對海帶湯頭研究後，分離出麩胺酸——鮮味的來源。而麩胺酸的鹽類中，以「麩胺酸鈉」穩定性最好、溶解度也最高，所以麩胺酸鈉，也就是味精，就此誕生。推原論始，它是由天然食材中發掘的調味劑。

用海帶、洋蔥、番茄熬煮的湯頭會有鮮味，就是因為這些蔬菜都含有麩胺酸。可是熬一鍋湯頭費時太久，成本也高，所以人工醱酵製成的味精很快地做為調味劑被廣泛使用，提升菜餚的鮮味。

至於所謂的「高鮮味精」，則是使用另一種鮮味來源：「核苷酸」。核苷酸的提鮮效果比味精更強，所以被稱之為高鮮味精。其實，核苷酸也是從天然食材中發現的，柴魚、肉類中的肌苷酸，以及菇菌類中的鳥苷酸，就是最常見的兩種。

雞粉、魚粉這些調味粉不是味精？

大家的印象都覺得味精是化學添加物，所以「看起來不像味精」的高湯塊、雞粉，取而代之受到歡迎。不過，你仔細去看成分表，你會發現，這些看起來比較天然的東西，其實也是由味精、核苷酸調製而成，並沒有比較天然。所以，千萬不要因為「雞湯塊可以取代鹽巴和味精！」而覺得比較健康；事實的真相是：「雞湯塊就等於鹽巴和味精！」

味精對人體有危害嗎？

味精之所以被認為不健康、有害，主要跟兩件事有關：吃了會口渴、以及「中國餐館症候群」——外國人發現大吃中國菜後會頭痛、哮喘的症狀。目前研究顯示，其實大部分人都可以正常代謝麩胺酸，而中國餐館症候群與味精也沒發現有直接關聯。至於口渴，則是因為味精雖然是鈉鹽，卻不像鹽巴有鹹味；如果菜餚中為了提鮮味精加很多，吃的人雖然不覺得鹹到難以入口，但血液中的鈉離子濃度升高，就會口渴想喝水。

中國餐館症候群與口渴，一件未被證實，另一件則是和用量有關，說到底，都不能算味精的錯。如果你要問我，「謝博士，照你這樣說，味精無害？」我只能說，世界上沒有完全無害的東西，任何東西吃太多都不好。味精，雖然是人工醱酵製成，但畢竟是天然食材中存在的成分。

所以如果你為了減低熱量攝取，會喝含阿斯巴甜（人工甘味劑）的飲料的話，那你根本沒有理由說味精不健康：味精絕對比阿斯巴甜安全。

不過，要提醒大家，重點不在吃不吃味精，而是你吃了多少「鈉」。食鹽（氯化鈉）和味精（麩胺酸鈉）都含有鈉，攝取過多不只是口渴，也容易引起腎臟疾病。總之，不要吃味道太重、太鹹的食物，對身體絕對是比較健康的。

味精、高鮮味精基本上是安全的，注意用量就好。反倒是很多加工食品中添加的

「人工甘味」，並非天然食材中存在，純粹是化學合成的調味劑，才是真正可怕的。希望大家不要抓小放大了。

04 令人難以抉擇的炒菜鍋！不沾鍋好？鐵鍋好還是不鏽鋼鍋好？

有一次收到專欄讀者對於炒菜鍋的選擇提出疑問：「最近需要買新的炒菜鍋，我已經用了好幾年不沾鍋，但售貨小姐卻說『現在已經沒有人用不沾鍋這麼毒的東西了！』請問不沾鍋真的很毒嗎？到底要怎麼挑選鍋子才對？」

之前有聊過洗菜、油的發煙點、味精的真相，現在，讓我們進入到挑選鍋具的部分！想知道不沾鍋到底能不能入手？或是想確保自己做了正確的選擇，老話一句！讓我們從源頭開始了解起。

不沾鍋（鐵氟龍鍋）

煎魚時最怕沾黏在鍋子上了，也因此一般家庭最常買的就是不沾鍋。不沾鍋為何能不沾？因為鍋內中有一層聚四氟乙烯（簡稱PTFE）的塗層，也叫做塑料王，商標名稱為Teflon®，是不是有點眼熟？沒錯，在台灣都叫它「鐵氟龍」。先別急著害怕，鐵氟龍並不是有毒物質，不過，我知道各位心中現在都浮現出「鐵氟龍致癌」的印象，為什麼會有這種說法呢？是因為美國環境保護署在二〇〇四年七月時曾控告生產鐵氟龍鍋的杜邦公司，蓄意隱瞞製造「鐵氟龍」時在製程中使用了「全氟辛酸」（PFOA），而此成分可能對人體有害。並不是鐵氟龍就等同於毒性物質。

這一類使用聚四氟乙烯的產品，一般統稱為「不沾塗層」或是「易潔鍍物料」，是一種人工合成高分子材料。因為擁有抗酸抗鹼、耐高溫等特點，所以成為了不沾鍋的理想塗料。

「所以使用這種鍋，就不怕大火快炒的黏鍋底問題囉？」

當然不是。因為鐵氟龍並不耐三百度以上的超高溫！超過三百二十七度，鐵氟龍會開始分解，釋放出有毒物質。換句話說，鐵氟龍並不適合中式料理「爆炒」、「快炒」，或是要乾燒鍋子一陣子才放入食材的「爆香」這些做法。這些中式烹調方式很容易讓鍋子溫度超過三百度，稍微不注意就會把毒吃下肚。事實上，不只是鐵氟龍不沾鍋，任何有塗層的鍋子都不是永久不壞的。如果很常使用大火、爆炒方式做菜的話，建議還是使用材質單純、無塗層的鍋子，像是鐵鍋。

鐵鍋

看到電視上中菜廚師表演快炒神技時，你會發現幾乎都是使用最傳統的鐵鍋。雖然鐵鍋外型不美觀重量又重，拿起來相當不順手，但是鐵鍋的導熱速度好又耐用，而且安全——鐵鍋不需要塗層，就算使用中碰撞到掉屑，吃進肚子裡也能吸收成為鐵質（還補血呢！）——也因此成為中菜界中最被愛用的明星鍋具。

鋁鍋

除了鐵鍋之外，鋁鍋也是一種常用的鍋具材質。鋁的密度比鐵低、導熱速度也比鐵快，所以鋁鍋比鐵鍋輕、也比較省能源。此外，鋁在空氣中，表面會因為氧化形成氧化鋁，這層氧化鋁相當緻密，可以防止裡面的鋁繼續氧化（鈍化），所以比鐵鍋耐用的多。

不過，鋁本身以及氧化後形成的氧化鋁，碰到酸、鹼都會起化學反應。所以不管是檸檬、檸檬酸（酸），還是小蘇打（鹼），甚至是糖醋料理中的醋（酸），都可能會跟鋁鍋產生化學反應，釋放出鋁離子。所以，鋁鍋怕酸，也怕鹼。日常生活中有個常見的情況可以說明鋁怕碰到酸這件事：在鋁箔紙上烤秋刀魚，滴上檸檬汁調味，是不是會發現沾到檸檬汁的地方，鋁箔紙變黑了！

其實只要不碰到酸、鹼，鋁鍋其實是安全的，所以煮水、煮飯、燙青菜，還是可以用鋁鍋的；會接觸到酸、鹼，又會花長時間燉煮的，就不建議使用了。此外，如果家裡的鋁鍋表面已經刮花了，或是已經變黃變黑了，也建議不要再繼續使用。

不鏽鋼鍋

不銹鋼鍋也是生活中常見的鍋具。所謂的「不鏽鋼」，其實指的是鐵的鎳鉻合金。跟鋁鍋、鐵鍋比起來，不鏽鋼鍋的確比較不容易生鏽。

「比較不容易？」

對，不鏽鋼鍋並不是完全不會生鏽！不鏽鋼的防鏽原理，其實跟鋁一樣，都是表面有一層緻密的氧化層（鉻氧化膜）。所以如果不鏽鋼鍋具表面刮傷了，或是使用過久氧化膜耗損了，還是會生鏽的，也一樣會有金屬離子釋出。

應該要怎麼選擇好用又不會有疑慮的鍋子呢？

我建議大家：依照自己的烹調習慣來做選擇。不沾鍋比較輕巧，用油量也少，但因為有塗層，並不適合爆香、爆炒，或是用堅硬的廚具翻、鏟；鐵鍋相對來說比較笨重，但是大火爆炒的效果最好。鋁鍋不適合碰酸、鹼，但是煮開水、煮飯、燙青菜是很好用的。

不管是什麼材質的鍋子，如果使用不當，都會減損它的壽命。有塗層的不沾鍋因為不沾，非常便利，應該是做菜新手很棒的選擇；不過不沾鍋要避免空燒，也不可以使用完立刻浸泡於冷水、不能用鋼刷刷洗，因為這些動作都會破壞鍋面塗層，不但失去了不沾的功能，還可能把塗層不知不覺吃下肚。沒有塗層的鍋子（鐵鍋、不銹鋼鍋）因為較容易沾粘，使用起來比較需要烹飪經驗，但相對而言不會把脫落的塗層吃進肚子裡，保養得當的話也會更耐用、更划算。

「謝博士，那鑄鐵鍋呢？」

別急別急，下一章將會以「專文」來討論鑄鐵鍋。

05 鑄鐵鍋需要養鍋？

這幾年在台灣，能夠一次滿足煎、炒、煮、炸、燉的琺瑯鑄鐵鍋，越來越流行，很多部落客紛紛上網分享一鍋到底的食譜。鑄鐵鍋除了有導熱快、保溫佳的優點外，主要就是鍋具色彩繽紛，直接端擺上餐桌就很賞心悅目。於是同事就問我了：

「真的有那麼厲害嗎？鑄鐵鍋好重耶，而且還要上油養鍋子，不會很麻煩嗎？」

「鑄鐵鍋五顏六色的，是很漂亮，可是我看電視說那都是重金屬，不會很危險嗎？」

我心想：講半天，你們真的有自己下廚嗎？

「老大！不要惹我們生氣喔！快回答鑄鐵鍋安不安全、要不要養鍋？」

首先，先了解鑄鐵鍋到底是什麼吧

其實大家所說的鑄鐵鍋，比較精確的說法，應該是「生鐵為胎、外加琺瑯塗層」的琺瑯鑄鐵鍋。鑄鐵鍋用的鐵，一般是灰口生鐵，含碳量比較高，導熱速度比較慢。

鑄鐵鍋最大的優點，就是鍋子熱了之後，熱度可以維持很久。這是因為鑄鐵鍋的熱容量高（溫度變化一度C所需吸收或放出的熱量），所以續熱的效果很好。換句話說，一旦鍋子熱了之後，溫度可以維持比較久。所以相較於其他的鍋具，鑄鐵鍋對於「火力」的來源，比較沒那麼挑：就算是小火，只要花點時間讓鍋子熱了之後，一樣可以維持很好的加熱表現。至於這樣的特色在烹調上有什麼好處呢？不要問我啊！燒菜不是我的強項，沒辦法細說分明如何控制火力燒出好菜。

琺瑯塗層其實是玻璃

再來，談談琺瑯塗層。琺瑯其實是一種玻璃，在約六五〇度C～七六〇度C高溫下融化後，黏合到鑄鐵鍋上，形成塗層。

所以琺瑯鑄鐵鍋生鐵的部分並沒有直接與空氣接觸，基本上不用擔心生鏽的問題……除非，塗層破了！

「破了？」

沒錯。琺瑯畢竟是一種玻璃，如果用力放、用力摔，還是會破或出現裂痕。漂漂亮亮的鑄鐵鍋變醜事小，一旦讓液體滲漏進生鐵層，讓鐵鍋生鏽，就不好了。所以，使用鑄鐵鍋請記得，小心輕放、不要摔。

除了怕摔之外，鑄鐵鍋還怕另一件事：溫度劇烈變化。琺瑯跟灰口生鐵熱漲冷縮的特質差很多，如果溫度變化太快，琺瑯塗層很有可能跟裡面生鐵的鍋胎分家的。所以，鑄鐵鍋用完之後，請有耐心一點，放冷再洗。不要熱熱的鍋子就直接沖冷水。另外，也不要將剛從冰箱拿出的冷鍋用大火加熱，開頭說過，鑄鐵鍋的導熱比較慢，冷鍋大火容易造成局部加熱不均勻，也有可能導致琺瑯塗層脫落。

琺瑯塗層的重金屬會危害人體嗎？

「老大，那鑄鐵鍋五顏六色的琺瑯塗層，是不是有重金屬？是不是有毒？」

嗯，就知道一定有這題。之前就有提到「鑄鐵鍋五顏六色的琺瑯塗層，其實含有重金屬，釋出的金屬毒素容易危害人體健康」，沒錯：琺瑯繽紛的色彩的確是用金屬氧化物所調製出的。

「什麼！無良商人！」

別急著下結論！先聽我講完。這些琺瑯塗層，在烹煮的過程中所釋出的重金屬劑量很低，而且是很低很低！所以不用擔心。如同我常講的：「什麼東西都有毒，連水喝太多都會中毒，重點是劑量。」如果你是一個對重金屬零容忍、一聽見重金屬就會歇斯底里的人，那建議別使用鑄鐵鍋。但如果你可以理性地去面對、了解現實，相信我，合格、合法大廠的琺瑯鑄鐵鍋釋放出的重金屬劑量，真的不至於對人體造成危害。但如果是來路不明的便宜鑄鐵鍋，不好意思，那就無法保證了。

那白琺瑯跟黑琺瑯怎麼分？沒有塗層的鑄鐵鍋比較安全嗎？

黑琺瑯其實就是在鑄鐵表面上一層透明的琺瑯塗層，鐵的顏色露出來，看起來黑黑的，所以叫黑琺瑯。至於白琺瑯，其實就是彩色琺瑯，就是經過調色的琺瑯。一般來說，白琺瑯比較光滑、黑琺瑯比較粗糙，所以在烹調上，會有不一樣的效果。想更了解這部分，請另外參考廚藝達人的心得囉！

「有沒有沒有塗層的鑄鐵鍋？」

當然有，但用起來不見得好用。沒有塗層的鑄鐵鍋，很容易生鏽，所以不是那麼實用。一般來說，茶壺比較常見沒有塗層的鑄鐵壺：因為相較於烹飪，泡茶的程序簡單，可以做到不讓鑄鐵壺生鏽。

到底該不該養鍋？如何養鍋？

「養鍋」其實就是「保養鍋具」，讓鍋子耐用、好用。基本上，只要記得不要重摔、重放，不要熱鍋冷水洗、冷鍋大火讓溫度劇烈變化，就已經達到「養鍋」的基本目的了。至於使用後上油、加熱上油開鍋等等，對沒有塗層的純鑄鐵鍋或許有幫助，但對琺瑯鑄鐵鍋來說，其實是沒有太大差異的。

至於網路傳說「用洗碗精會害鑄鐵鍋容易生鏽」，其實也不完全正確。就像前面提到的，只要琺瑯沒有破損，其實鑄鐵鍋是不會生鏽的。

從一個不下廚房的化工人角度，鑄鐵鍋是一個融合多種材料的生活用品，帶來不少便利性。而其實它的使用方式，也不像網路所傳的一般繁複，只需了解其中的原理，大家就可以自行判斷它的正確的使用方式。

06 天然最健康？有些木製餐具可能比塑膠還毒！

天然健康有機風正盛行！不只是食物，連餐具都開始刮天然風。

原木餐具聽起來不錯吧？不用擔心塑膠材料的塑化劑釋出致癌，也不用擔心金屬製品釋放出金屬離子造成老人痴呆（雖然這件事未必是真的），是不是很完美呢？有看我專欄的朋友一定知道，下一句話一定是：「世界上當然沒有那麼美好的事。」

最近看到網友提出問題：「為了環保，我都會自備環保筷，而且都只買木質的食器！不過前陣子看到討論說因為木製餐具容易壞掉，廠商為了耐用都會添加很多化學藥劑與重金屬，請問這是真的嗎？那常用會中毒嗎？」

要回答這個問題，我們要先來了解一下，到底「木製食器」有哪些種類？

木製食器安全嗎？重點是它「穿什麼衣服」

木頭、竹子這種材質，拿來當餐具，最大的一個缺點就是「怕水」。

因為木頭本身很容易吸水，而水分正是造成細菌孳生、木頭腐爛的主要因素。所以如果是標榜「百分百原木，無人工塗層」的裸木餐具，請特別小心處理：使用完馬上清洗，不要長時間泡水，一定要等乾燥後再收納。如果發現有變色、變味、磨損、裂開的狀況，就立刻換掉吧：長菌的木製餐具，立即性的危害，絕對不會比塑膠製品低！所以，「完全沒穿衣服」的裸木餐具，我並不認為是個好選擇。

再來，如果是上了五顏六色、彩色繽紛的木製餐具呢？上了漆，當然是不怕水了，不用擔心變色變味裂開……。但是，這些彩色的塗層，一旦剝落吃進肚子，可不是好玩的。彩色塗料為了調色、顯色、穩定，通常含有重金屬及有機溶劑，這些絕對都是有致癌性的。一旦餐具上的彩色塗料剝落，或是遇熱、遇酸溶解，跟食物一起吃進肚子裡，就不妙了！簡單說，穿著彩色外衣的木製餐具，可能比塑膠還毒！

最後，也是最常見的一種，看得到木頭原色，但摸起來平滑，好像有上一層塗料。這就是所謂「有塗上生漆」的木製餐具，通常是木材直接製作成餐具後，直接在外面塗上一層生漆。塗上生漆就像是給餐具上了一層保護膜，能夠讓餐具「防水」，反而降低細菌孳生的可能性，並且讓食器變得更耐用。

「謝博士，生漆也是漆啊！吃下肚子應該也是很可怕吧？」

別緊張，生漆其實是萃取自漆樹的天然樹脂。生漆的主要成分是漆酚，直接接觸，容易引起皮膚過敏、發癢，但塗在器物表面放置乾燥後，就變得無毒了。如果生漆沒有另外添加其他物質，一般來說，都符合食藥署規範，是可以安心使用的。去日式餐廳用餐，看到華麗高雅的「漆器」，就是用生漆反覆塗佈、加工製作的。

所以，木製餐具，不穿衣服不好，穿太花俏也不好，簡單樸素的穿上「生漆」，才是最安全的。

如何挑選木製餐具？

在挑選木製餐具時，盡量選擇原色（生漆、不上色、不彩繪）、造型簡單（無花紋），因為沒有凹凸不平的表面就不容易藏污納垢；如果有外包裝，也建議注意是否有表示「通過食品器具容器包裝衛生標準」相關規範。

即使是挑選了最天然、最安全的餐具材質，良好的使用習慣，仍然是很重要的。一般來說，家用木製餐具因為常常洗滌，如果乾燥、收納不確實，的確容易長菌發霉，要特別注意；此外，餐具在反覆使用、搓洗之下，容易在表面產生細小紋路，也容易造成細菌孳生和髒污殘留，我的建議是三個月到六個月就要定期更換。如果餐具出現刮痕、變形的情況，建議立即更換，避免細菌在不平滑的表面上孳生。

聽起來或許比一般的習慣要來得麻煩，不過為了家人的健康著想，如果要使用木製餐具，還是在挑選上多費些心思並且定期更換餐具吧！

07 用麥稈、稻稈做的餐具，天然環保還可微波？

以麥稈、稻稈為原料的PLA餐具，健康且天然，而且能耐高溫、重複使用，還能自然分解，有沒有這麼好的事？

曾與大家分享木製餐具的種種之後，果然有許多網友開始提問了：「謝博士，你每次都在澆冷水。木製餐具已經落伍了啦！你難道沒聽過『麥稈／稻稈／玉米餐具』嗎？純天然來源，又可以自然分解，又天然又健康又環保！」

嗯，純天然、健康、無毒、環保、一百分、超完美……老話一句：真的有那麼好的事嗎？在回答問題前，也讓我們先來了解，這些餐具到底是怎麼做成的吧！

澱粉＋纖維素創造的餐具

所謂用麥稈、稻稈、玉米做成的餐具，其實利用的都是這些植物中富含的澱粉和纖維素。纖維素可以增加強度，還滿容易理解的，那澱粉呢？

其實要製作有韌性、適合日常使用的餐具，並不是直接拿澱粉來使用，而是澱粉經過發酵之後產生乳酸，再把這些乳酸聚合、聯結起來，形成聚乳酸（polylactic acid, polylactide）。

「聚乳酸？沒聽過。」

沒聽過也正常，因為我還沒有講出它最有名、最具有行銷魔力的名字：PLA！

PLA是一種生物可分解性的高分子材料，在高濕度、高溫的情況下，會同時水解跟熱降解，變回乳酸，這也是PLA被稱之為「生物可分解環保材料」的原因。PLA最神奇的地方是與一般的塑膠相同都具有很強的延展性，可以加工，再加上可分解、無毒性，所以很快的成為材料界的寵兒。

PLA最早的應用是在生醫材料上。在醫療手術上，不用拆線的「可分解縫線」、不用多挨一刀的「可分解骨釘」、骨板，都是PLA製作的。但是，純的PLA其實並不適合直接當作餐具拿來使用：因為超過六十度，PLA就會開始變軟、變形。所以你如果拿一個純的PLA杯子裝水去微波，進去時是一杯，出來時可能就變成一灘了。

怎麼辦呢？改質！主要改質的方法有兩種。一種是以特定比例混合兩種乳酸D-form和L-form（Poly〔D,L-lactic acid〕），可以讓聚乳酸的材料特性更強、更持久，骨釘、骨板常用這種方法，因為雖然改質，但還是乳酸，沒有什麼疑慮。另外一種方法就是：跟塑膠混合。

「跟塑膠混合？」

對，這就好像你去商店買到的「果汁」，為了顏色好看、口味好喝，通常天然果汁含量都不高，反而大部分都是糖水、色素、調味料一樣。PLA為了符合家用餐具微波加熱與重複使用的需求，廠商也會添加其他材料像是聚丙烯（PP），來增加餐具的耐熱性跟持久性。不過加了塑膠之後，當然就不是一〇〇%生物可分解了。所以你如果看到廣告宣稱PLA餐具有媲美 PP 的耐熱、耐凍、可微波特性，同時又可生物分解……，我只能說，目前並沒有可信的資訊可以證實。所以說，真的沒有那麼美好的事情，大部分的「PLA餐具」都還是有塑料或是其他物質的添加。

添加塑膠在PLA餐具裡還有一個大問題：影響塑膠回收。純的PLA可以自己分解，不用回收（雖然要分解也不是哪麼簡單，但是做得到）；純的塑膠可以回收再做成原料，也是資源再利用；可是一旦PLA添加塑膠，就既不會自動分解，也沒辦法回收了：因為回收塑膠理只要混有PLA，就無法再製了。然而在台灣，這部分目前的確是比較混亂，沒有系統去管理的。

目前PLA仍是一個新興領域，希望隨著科技進步，有一天可以解決它難以應用的問題，做出真正的天然環保餐具。

前面提到PLA餐具為了要讓產品能耐熱，所以添加塑膠材料；那塑膠容器到底能不能微波呢？會不會放出有毒物質？

你微波的不只是水

許多塑膠餐盒標明可用於微波爐加熱，這種餐盒的材質，多為聚酯（PE）、聚丙烯或聚碳酸酯（PC）。這類材質的可耐熱溫度約在一百二十度左右，如果是微波白開水（沸點一百度），的確是很安全。

可是，食物中，並不是只有水。食物中所含油脂在加熱時，是有可能超過一百二十度的。再加上微波爐加熱的過程並不均勻，有時中心還沒熱，外面與容器接觸的部分已經非常高溫了，很難確保所有物質都在一百二十度以下！如果再考量製造原料不佳（非百分百耐熱塑膠）、生產程序不良或有其他材質添加（雙酚A），的確可能會有安全上的顧慮。

微波加熱，玻璃、陶瓷才是上策

說了這麼多，如果塑膠容器進微波爐有這麼多疑慮，那到底什麼材質進微波爐才是安全的呢？我的建議是，如果可以，還是盡量以耐熱性高的玻璃、無花紋的陶瓷為主。如果陶瓷器皿上有顏色花樣，或是有鑲金邊，也盡量不要使用。

08 微波爐祕密大公開！

自從分享木製餐具、麥稈稻稈餐具的相關資訊之後，沒想到大家最感興趣的問題竟然是：

「謝博士，那木製餐具可不可以微波啊？」

「聽說微波會破壞食物的營養素、還會致癌，是真的嗎？」

「使用時直盯著微波爐看，真的會瞎掉嗎？」

唉……我只能說，關於微波爐的謠言，真的是萬年不敗的發燒話題！虛虛實實、真真假假……廢話不多說，讓我們來看看吧！

微波爐到底怎麼加熱的？

使用過微波爐的人，多半都有這樣的經驗：加熱不均勻耶！有些地方太燙，有些地方還冷冷；甚至還有外面冷、裡面熱到燙舌頭的狀況。為什麼呢？

因為，微波爐其實不是直接加熱食物，而是利用特定頻率的電磁波（微波，一般是2.45GHz），加熱食物中的「極性分子」。微波可以讓極性分子快速震盪，達到加熱的效果。

「謝博，什麼是極性分子？」

嗯……這裡是謝博士的「長化『短』說」，不是謝博士科學小教室，所以我就簡單跟大家說，水，就是最常見的一種極性分子。大部分食物中都有水，微波爐讓食物中的水分子震盪摩擦產生熱能。看到這裡，你可以猜出來，為什麼微波爐會有加熱不均勻的問題嗎？因為微波食物時，其實只有食物中有水分的部分被加熱。如果是水分分布均勻的食物，像是一碗湯，使用微波爐加熱就很快、也很均勻。但如果是水分含量低的食物，像是瘦肉、堅果，那微波爐就無用武之地了。

不信的話，可以做個實驗：拿一條乾毛巾，放進微波爐加熱，沒反應；把毛巾打濕，再加熱一次，你就會發現得到一條熱騰騰的毛巾！所以，微波爐對「水」很專一的。也因為這個特性，微波爐適合加熱水分含量高、均勻分布的食物，但如果是脂肪含量高水分低的食物，像是五花肉、堅果類等，就不是那麼適合。另外，食物放進微波中不可以完全封閉，要讓水蒸氣有釋放的地方。像是雞蛋，就先萬別直接整顆放進去，很容易變炸「蛋」的！

微波爐會破壞食物的營養素嗎？

會有這樣的疑慮或說法，其實主要還是源自於微波加熱的原理：含水部分先被加熱，所以往往會發生等到整份食物都夠熱了，但含水部分已經被加熱過頭，破壞營養素了。不過，針對富含水溶性維生素的食物，只要溫度控制得好，其實微波爐比起水煮、川燙等加熱方式，更能保持食物中的水溶性營養素。

微波爐食物會致癌嗎？

這應該最被廣為流傳的一個說法了，有些文章還配上一則驚悚的故事：病患被輸入利用微波加熱的冷凍血液之後，就立即死掉了……

先來解釋冷凍血漿的事：這的確是有可能的，現在醫院也不可能用一般微波爐加熱血液。但原因並不在於微波本身有害，而是一個在本文再三出現的原因：「加熱不均」。血液果被加熱到四十度以上，會有溶血現象發生，會造成組織壞死跟生命危險。使用一般微波爐加熱血液，的確沒辦法確保溫度的均勻性。

回到原來的問題。之所以會有微波食物致癌說法，還是源自於「加熱不均」。食物中水分子分布不均，有時候一邊已經變燙，另一邊還是涼的時候，我們會習慣將食物再放進微波爐中持續重複加熱，這時候有水分的地方，很有可能會燒焦。而焦黑的食物本身，的確會對人體造成不良的影響：不管是微波的、燒烤的，還是油炸的。這的確是需要特別注意的。

使用微波爐，該選哪一種容器呢？

同樣因為加熱不均造成的問題，還有微波容器的選擇。我個人建議，如果要微波食物，使用玻璃、沒有金屬花紋的陶瓷容器最好，盡量不要使用塑膠容器。因為可微波使用的塑膠容器，雖然本體都可耐熱到一百度以上，但是部分配件就不一定了。再加上微波的加熱方式，的確可能發生局部超過一百度的現象，所以為了安全，乖乖用玻璃、陶瓷吧。一般的保鮮膜也不大建議在微波食物時使用，原因同上嘍。

此外，由於金屬會反射微波，如果把金屬放進微波爐裡，能量會在爐內間不斷反射累積，所以若是發生在較薄的金屬(鋁箔、鍍金屬)，可能會發生電弧放電、起火等現象，千萬不要做這種危險的事。

為什麼要用電磁波是這種可怕的東西加熱食物啊？

先前提到微波爐的加熱原理，是利用特定波的「電磁波」，許多人一看到電磁波就會開始莫名的感到害怕，直覺認為這會對人體有不良的影響。先不用緊張！其實電磁波的範圍很廣，波長比較長的有AM、FM無線電、手機通訊用的通訊波段、加熱食物的微波；波長比較短的，有醫院檢查的X光、殺菌的紫外線、伽瑪射線等等。而介於這兩者之間的，就是可見光：我們平常一睜眼就會看到的所有光線。看到這邊，你一定很訝異吧。是的，會發出「電磁波」的東西，包含你頭上那頂檯燈。所以，不用看到電磁波三個字就開始緊張。

微波對人體主要的效應，其實就跟加熱食物一樣：會加熱身體含水的部分。這當然不是一件好事。不過，現在的家用微波爐，基本上不可能會去加熱到你的身體，所以不用太擔心。如果真的很害怕，你可以在微波爐開啟時，離開廚房。相信我，正常使用微波爐對你身體的直接傷害，絕對不會比中午陽光中的紫外線高。

至於直視微波爐眼睛會不會瞎？我比較想反問的是：一、沒事眼睛看微波爐幹嘛？二、與其擔心這個，不如先擔心手機螢幕的藍光吧！

微波爐的安全性，常常受到質疑，但我想強調的是，這些「不安全性」並非來自微波或微波爐本身，而是使用者的使用方式。只要理解它的原理，用正常的方式使用，就可以降低這些潛在的風險。所以，不用因為恐懼而完全不使用微波爐，也不要直接認定任何一種烹調方式百分百安全，就忘記使用時該注意的事項。照例，提醒大家，知識就是力量，了解越多，才能真正克服恐懼。任何事物都有正反兩面，就像微波爐，當然不是百分百安全，但也沒有那麼可怕：不要再被片面、誇大、恐嚇性的資訊欺騙了。

9 煮火鍋時，蟹肉棒的塑膠套到底要不要拆？

說到冬天，最受歡迎的大概就是火鍋，不論是麻辣鍋、鴛鴦鍋、薑母鴨、羊肉爐，一想起來，真是讓人流口水啊！之前看到有篇網路新聞滿有趣的：「蟹肉棒下鍋前，到底塑膠膜要不要去掉？」

這的確是個有趣的問題。

有人認為，塑膠遇熱應該會放出有毒物質，當然要把塑膠膜拿掉；也有人覺得既然廠商都說安全了，這種塑膠應該可以耐高溫吧！蟹肉棒套著薄膜入鍋不會散開，鮮味才不會流失，美味多了。到底誰是對的呢？

「謝博士，這問題一定有一個明確答案吧？別又說要見仁見智了！」

真的是很抱歉，我想說，這還真的是見仁見智。

先來看看塑膠耐不耐熱。首先要有一個觀念：塑膠是一種高分子聚合物，所以它的耐熱溫度是一個範圍，而不是一個固定數值。我們先假設火鍋湯頭是單純的水，那它沸騰時的溫度就是水的沸點一百度。耐熱範圍能超過一百度的常見塑膠材料有：高密度聚乙烯（HDPE, 90~110度）、聚丙烯（PP, 100~140度）、聚碳酸酯（PC, 120~130度）、三聚氰胺─甲醛樹脂（美耐皿，Melamine resin, 110~130度）等等。這些材料裡適合拿來做塑膠袋的，應該只有高密度聚乙烯HDPE。所以有些網友認為可以安心的把蟹肉棒連塑膠膜丟進火鍋裡，就是因為推斷塑膠膜是HDPE製造。

不過，事情當然沒那麼簡單。有三個重要因素，各位可以思考看看各自的情況，該不該連塑膠膜丟進火鍋裡：

一、湯頭的溫度？

火鍋的湯頭並不是純水，因此沸點不會是一百度。高中化學有教過，水裡若溶進非揮發性溶質，「沸點會上升、凝固點會下降」。所以，沸騰的火鍋，必然超過一百度，再加上各種火鍋料、調味料溶出的油脂……HDPE在這個環境下到底穩不穩定，實在不是個簡單的問題。

二、材料的等級？

廠商真的是用等級夠好的HDPE去做那層塑膠膜嗎？或者是用價格比較低的PVC（聚氯乙烯）呢？PVC的耐熱溫度，只有六十~八十度，丟進火鍋裡泡煮一定會出問題的。

三、**「可以耐熱」不等於「不會釋出有毒物質」**

最重要的是，在耐熱溫度範圍以下，只代表塑膠材料不會變形、變軟，但不代表一定不會溶出有害物質。舉個例子：聚碳酸酯PC，耐熱溫度一百二十～一百三十度，透明度又高，從前常用來製造嬰兒奶瓶。但它雖然耐熱到一百二十度都不會變形，可是在熱水中卻會釋放雙酚A，於是現在市面上幾乎已經沒有PC製奶瓶了。HDPE長時間泡在沸騰的熱水裡，會不會放出什麼物質，被蟹肉棒直接吸收之後，被我們吃下肚子裡，還真的不好說。

「那……到底能不能放進火鍋裡嘛？」

應該這樣說，如果買的蟹肉棒是信譽卓著的大品牌，用的塑膠膜材料很ＯＫ，你也沒有把蟹肉棒放在火鍋裡煮太久，也不是天天吃、照三頓當飯吃的話，那應該是不用太擔心。但如果你要我保證，蟹肉棒帶塑膠膜下鍋，一定百分百安全，不會有任何有毒物質溶出，很抱歉，我也說不出口。

其實除了蟹肉棒，生活中還有很多地方，也有類似的情況。舉例：手搖飲料的紙杯，裡面那一層薄薄的塑膠膜，多半是LDPE。LDPE的耐熱溫度不到一百度，不適合長時間裝滾燙的飲料。還有，手搖飲料的封膜，雖然不會直接接觸到飲料，但封膜機的瞬間高熱也是接近一百度，會不會溶出什麼東西，也是難說。

其實每次被問到「安全不安全」這種問題，學術上都不會有一個簡單的標準答案，而是端看你願意承受的風險多高、規避風險對你而言有多痛苦？以這個問題而言，雖然塑膠膜可能真的滿安全的，但把塑膠膜移除基本上沒有任何壞處，頂多有點麻煩，以我個人的看法，我會建議移除比較好。

再舉個例子：你知道咖啡跟泡菜，跟「世紀之毒」DDT，還有汽油一樣，都是2B級致癌物嗎？2B級致癌物的定義是：對人體致癌的可能性較低，在動物實驗中發現的致癌性證據尚不充分，對人體的致癌性的證據有限。因此雖然被列在「致癌物」之列，但如果不是變態般的巨量服用，要致癌的機率其實並不高，但如果叫大家不喝咖啡，簡直馬上就要了某些人的命。像這種情況就沒有必要杞人憂天，不需要隨便被「跟DDT、汽油一樣致癌」嚇倒了。

所以老話一句，「知識就是保護自己最有效的武器」。我還要再加上一句：「盡信書不如無書」。善用邏輯推理判斷、根據實際狀況思考，才不會被網路上各式各樣、真真假假的「知識」與「爆料」，搞得六神不寧、寢食難安了。

10 現宰溫體＝新鮮衛生？其實「冷凍肉」才是最好的選擇？

食安問題一直爆，大家在選擇食物、食材的時候，也比以往更加謹慎。不過，你真的挑對了嗎？

坦白說，任何一個媽媽，一定都比我更會挑選食物啦！所以，怎樣的水果比較甜、哪一種魚比較新鮮等等食材挑選的問題，既不是我的專長，也不是我想跟大家分享的。我想從化工專業的角度，帶大家看看「新鮮」——這個大家最關心的議題，許多我們既有的觀念與印象，跟事實是否有出入呢？

冷藏肉 vs. 冷凍肉 vs. 現宰溫體肉

我想很多人一聽到冷凍肉，就會覺得：「那一定是比較差的肉啊！才會冷凍起來賣，所以口感都不好！」但是，你是否有想過，肉在你眼前出現之前，經過哪些處理過程與手續嗎？

一般的觀念，超市的冷藏肉或傳統市場標榜的現宰肉，由於有著生肉的色澤，看起來就像是「現宰」，直覺上就認為這樣比較新鮮，但若是回溯處理流程，你可能會大吃一驚。

首先要有一個觀念，溫度越接近常溫，肉就壞得越快！這是因為越接近常溫，各種微生物、細菌的活動越活躍，肉類中蛋白質與脂肪的變質也就越快。常溫下肉類能保存的時間只短短的十二～二十四小時；冷藏可以撐得久一點，大概三～五天；冷凍的話則可以四～六個月。純粹以保存的觀念來看，冷凍是最好的。

冷凍跟冷藏肉，其實都是屠宰廠經過屠宰、分切、包裝的過程，再運送到生鮮超市或量販店販售。差別只在於冷凍和冷藏。冷藏雖然有冰，可是最多只能撐三～五天。經過集貨、運送、上架的過程，當你買到手時，很可能已經是最後的那一兩天了，所以，相較於冷凍肉，冷藏肉絕對沒有比較新鮮！

市場上大家喜歡溫體現宰肉及冷藏肉勝過冷凍肉，有一個很重要的因素，就是心理上覺得比較新鮮、口感好。的確，如果溫體肉在宰殺後一小時內烹調，口感跟新鮮度都是最好的，冷藏肉買回家直接烹調，口感也不錯，而冷凍肉因為結冰破壞纖維的關係，口感就輸了。但是，大家家裡烹調的肉品，是每餐現買嗎？如果在市場買了現宰溫體肉或是冷藏肉，回家沒有馬上烹調，而是放到冷凍庫冰起來保存，那還不如一開始就買產地直接冷凍的冷凍肉，不只更新鮮，也更沒有腐敗的風險。

鮮乳 vs. 奶粉 vs. 保久乳

許多人一定覺得，相較於凍肉，乳品的選擇應該是完全沒有爭議的吧！鮮奶一定是首選，沒有之一。不過，我們還是先來了解一下三種牛奶的差別吧！

鮮乳其實不是「最新鮮的」，真正最新鮮的，是剛從乳牛身上擠出來的「生乳」。不論是鮮乳、保久乳，還是奶粉，都是生乳經過加工處理而成的。

生乳經過高溫殺菌、過濾之後，進行包裝與冷藏，就是一般所稱的鮮乳。鮮乳在攝氏四度冷藏的情況下可保存大約十天。

保久乳和鮮乳的加工期是大同小異，一樣是以高溫滅菌。只是加熱溫度比較高、時間比較久，所以滅菌效果更完整，再以無菌充填的方式包裝，就成了保久乳。因為無菌又密封包裝，保久乳其實是不需要加防腐劑的，可別誤會它了！保久乳一般可以保存約六～九個月。

奶粉則是將殺菌後的生乳，透過噴霧乾燥的方式，讓水分揮發，變成粉末狀，形成奶粉。因為脫去水分，更易保存，一般來說，保存期限約二～三年。

大家對於奶粉和保久乳不必完全排斥，因為來源都一樣是一〇〇％生乳。雖然在高溫滅菌、乾燥的過程中，部分維生素受到破壞，使得營養價值的確稍稍不如鮮乳，但是在蛋白質、鈣質、鐵質的含量上，鮮乳、保久乳、奶粉三者，可是幾乎沒有差別的！至於口感，嗯，那就見仁見智啦！

所以，不用對保久乳和奶粉排斥，也不用覺得鮮奶就一定更高級！一切還是看各個家庭的需求跟喜好。唯一要注意的就是：保存時間和溫度，可千萬別把鮮奶放在常溫下過久，喝下去可是會拉肚子的！事事留心皆學問。在這個網路時代，很多相關資料都是可以搜尋到的。下次看到冷凍肉跟保久乳，也給它們公平的評價與待遇喔。

11 化學藥水煮飯？有時候，添加防腐劑是必要之惡

某周刊刊載「近百校營養午餐受害，防腐藥水煮白飯」，儼然又是一場食安風暴，更糟的是，這次受害的是學齡幼童們。影片中的昏暗食品工廠、藍色工業塑膠桶、艱澀難解的化學藥水被添加在學生們每天吃的白飯中……媒體自詡為正義使者，毫不手軟把「黑心廠商」四個字烙在業者身上，一時之間人心惶惶。但是，問題真的是這樣嗎？

解構「鮮保利VN-151、VN-103」

首先來看看主角，VN-151以及VN-103。依據食品添加許可證資料（VN-151）和報導中的照片（VN-103）記載，兩者的全成分分別列在下面，我順便加上了中文翻譯：

VN-151：Glycine（甘胺酸）、Sodium Acetate, Anhydrous（無水醋酸鈉）、Lysozyme Hydrochloride（Anhydrous）（溶菌酶）

VN-103：Sodium Acetate（Anhydrous）（無水醋酸鈉）、反丁烯二酸一鈉、脂肪酸

蔗糖脂、酵素製劑

這裡面有甘胺酸，有醋酸、醋酸鈉，有酵素，有反丁烯二酸，還有就是蔗糖脂肪酸酯。這些東西說穿了，就是一些胺基酸（只要是含有肉類蛋白質的東西都有，包含天然未處理的牛肉豬肉）、酵素（任何生物體中都有，包含口水）、醋酸（嗯，酸辣湯的白醋裡也有），都是一些再正常不過的物質，不是什麼化學實驗室裡創造出來的毒物。

這當中比較少見的「蔗糖脂肪酸酯」則是一種最基本、最安全的食用乳化劑。一般的餅乾、冰淇淋、巧克力、煉乳裡，都有它的存在！

而被稱為「有致癌風險」的反丁烯二酸一鈉呢？我想這應該是一個誤會。反丁烯二酸，俗名延胡索酸，是自然界存在的物質，植物、肉類中都有，人體肌膚在陽光下還會自行生產呢！就像食鹽跟水也是有毒一樣，我不可能說反丁烯二酸完全無害，但它的確是個安全的成分。要說它是個「有毒致癌」物質，還真不知道哪裡有證據支持。這跟毒澱粉事件時有毒的「順丁烯二酸」是不一樣的。雖然「反式脂肪」有問題，但是自然界中並不是什麼都是順好反不好：別冤枉了反丁烯二酸。

食品添加劑就是不好的！

這讓我想到之前一篇網路文章「哥吃的不是餅乾是化學，吃完集滿元素週期表」。

網友用「集滿元素週期表」來諷刺不良廠商過度使用食品添加劑。但事實上，就算你都只喝水、只吃完全有機的植物，你還是可以集滿週期表的：所有的物質，都是化學物質，不管是人造還是天然，在科學的檢驗下成分是一模一樣。

我不會說「食品添加劑好棒棒，吃越多越好」，因為這些添加劑的確都是以人造的化學物質為主；但它們主要的目的是為了讓食品在時間內保存久一些，或是增添風味。請問你認為學童應該吃合法添加保鮮劑的白飯，還是長滿了細菌酸敗的白飯？

食品添加劑吃多了對身體有沒有害？一定有，就像我常說的，氯化鈉（食鹽）、氧化氫（水）吃多了，也是會中毒啊！重點是吃多少、怎麼吃。

面對食品添加劑，要有一個概念：哪些是無法避免的必要之惡，哪些是真的沒必要的？為了保存而添加的抑菌成分，是必要之惡，因為腐壞的食物吃下肚，壞處絕對大於吃下防腐劑。色素、人工甘味這些增加風味的東西，就是可以避免的。這次事件的主角，VN-151及VN-103，主要功效是為了抑菌、增加保存時間，當然也增添風味的作用。只要用法、用量得當，大家真的不用恐慌。

食品添加物「怎麼加」才重要

基本上，只要是有經過認證的食品添加劑，在建議使用範圍內，可以不需要擔心會對身體有什麼危害。當然，所有東西「長期大量攝取」，都一定有傷害。

有時候會看到酸民說：「你說沒問題，不然你自己天天吃、吃一年試試看啊！」但是正常情況下，誰會這樣吃呢？況且所謂的「日積月累」，了不起就是一百二十年，每天三餐，總共十三萬頓左右。如果在這種「巨大攝取量」之下，還是未達到造成傷害的下限，那所謂的「日積月累恐怕會造成傷害」也只是恫嚇大眾的話術而已，沒有任何實質意義。

面對這個事件，重點應該是放在：食品添加物有沒有經過認證？有沒有添加過量？有沒有攪拌均勻？或是去問，製作食品添加劑的原料來源，是食用還是工業用？全成分表是否全部揭露？有沒有過期？保存是否適當？

只要確認以上幾點沒問題，基本上，這就不是個食安事件，頂多算是媒體「愛之深責之切」的烏龍爆料。也希望藉這個例子，促使各主要媒體以後在揭弊時，可以認真多做功課，而不是見到黑影就開槍，造成無謂的恐慌。

每次寫到這，都覺得是老生常談：不想吃食品添加物，可以多吃「食物」而不是「食品」；而均衡飲食、正常作息、多運動、補充適當水分，也都可以促進代謝速度。當然隨時以審慎、邏輯思考的態度看待每一則資訊，才是最重要的。

請大家安心在餐廳、自助餐吃白飯吧！

12 農藥殘留「手搖茶」有多毒？

辦公室茶水間供應多種口味的咖啡茶包，我以為這是同事心中的最愛，沒想到同事卻說：「老大～大家都嘛愛喝手搖飲料啊！自己泡太單調了啦！」

但是隨著知名手搖飲料店茶葉陸續驗出農藥殘留，一天二十四小時不斷重複的新聞轟炸，幾乎每天都追加：「哪一家也中了！」霎時間，手搖飲料從大家的最愛變成避之唯恐不及的毒藥，茶水間本來乏人問津的茶包跟咖啡，耗用量更直線上升！

「老大！怎麼辦？我以前幾乎每天喝，會不會有事啊？」同事害怕地問我。

唉，套句我常說的，無知帶來的恐懼，比事實本身更可怕。就讓我們先來搞清楚幾個名詞吧！

一說到「農藥」，大家腦中浮出的應該都是「喝農藥自殺」等農藥殺人的可怕印象。但事實上，農藥只是個統稱，只要是可以減輕農作物損害的物質都可以被稱作農藥，包含了殺蟲劑、殺蟎劑、殺菌劑、除草劑都算，現在甚至有無毒有機的農藥問世。

舉例來說，酒、醋、辣椒水等日常生活中常見的物品，對某些病蟲有一定的驅蟲或殺蟲功效，也算是一種農藥。所以每種農藥的毒性是不一樣的。而這次「毒茶事件」的兩大主角：DDT跟芬普尼是怎麼個「毒」法呢？

DDT：曾經是噴在每個小學生頭上的殺蟲劑

DDT是聯合國與台灣都已禁止使用多年的一種農藥。DDT對昆蟲而言是一種很強的神經毒素，但對哺乳類來說，DDT的急性毒性相當低。DDT的LD50（Lethal Dose, 50%，半數致死量）= 113 mg／kg。看起來好複雜？簡單的說法就是，如果有一百位體重五十公斤的人，每個人都一口氣喝下五萬杯含有0.14ppm DDT的大杯手搖飲料，一百人中會有五十個人死掉。我想那些人應該不是被DDT毒死的，而是脹死的！這也是為什麼，在六〇年代台灣民間還普遍用DDT塗在學童頭上來殺死頭蝨。而當年的這些學童，現在也都平安長大，活到五、六十歲了。所以在新聞爆出來之前，你如果沒有喝下五萬杯的手搖飲料，可以暫時不用擔心自己因服用過多的DDT而中毒。

當然，DDT的代謝產物具有親脂性，容易在動物脂肪中累積，對內分泌造成干擾，也有致癌性。不過，以手搖飲料中0.14ppm的濃度來說，除非你每天都喝下成千上萬杯，否則請先不需為了它的毒性而恐慌。

既然DDT毒性不高，那為何要禁用呢？DDT可怕的地方是對生態的影響，雖然

DDT對哺乳類的毒性不明顯，但對鳥類、魚類的繁殖有很大的影響，會嚴重破壞生態平衡。美國海洋生物學家瑞秋．卡森（Rachel Carson）於一九六二年出版的環保名著《寂靜的春天》，讓社會大眾開始正視與關心農藥所造成環境污染的議題，也促使美國在一九七二年起禁止將DDT使用於農業用途。比起中毒，這才是這次毒茶事件中真正可怕的地方：已經禁用近四十年的農藥，為何會被檢出？比起農藥本身對人體的危害，這批茶葉到底從何而來，才是真正令人擔憂的。

芬普尼：對抗蟑螂、螞蟻的殺蟲劑

和被稱為「世紀之毒」的DDT相比，芬普尼則不是一種被普遍禁用的農藥，所以新聞也就沒有給它那麼多的關注。芬普尼是一種很有效的殺蟲劑，尤其是對於蟑螂、螞蟻等昆蟲。芬普尼是一種致癌物質，會影響生育能力、造成胎兒發展遲緩。此外，芬普尼也會影內分泌。

這是毒茶事件中，芬普尼的罪名是「殘留超標」，檢出的殘留比標準多了0.001ppm——這是我覺得有點好笑的。當然，在理想狀態下，吃的東西不要有任何農藥殘留當然是最好的，但是0.002ppm與0.003ppm的差距，就實質上來說，根本就沒有差異。新聞有必要為了這多出的0.001ppm大肆宣揚，造成大眾如此恐慌嗎？以芬普尼的LD50 = 97mg

╱kg來說，要一口氣喝下超過二百萬杯的手搖飲料，才有可能立即性的危險。到那個時候人應該不是被毒死的，而是脹死或是糖分攝取過多胖死的。

無知的恐慌：咖啡、二手菸和這些「毒茶」一樣毒

上街就能買到的飲料中驗出農藥，當然是很嚴重的事，媒體關心、報導也是應該的。但是身為消費者，在電視新聞、網路分享二十四小時的轟炸之下，其實恐慌本身的影響，早就超過農藥了。如同我前面說過的，在理想狀態下，吃的東西不要有任何農藥殘留當然是最好的。不過，客觀來看一下數據，到底這兩種農藥有多毒呢？

DDT和芬普尼的半數致死量（LD50）分別是113與97mg╱kg。這個數字越小，表示該物質的毒性越強。那哪些物質的LD50跟他們相當，或是比他們小呢？

寫出來你可能不相信：咖啡因，LD50=127mg╱kg，幾乎與DDT相當；尼古丁，LD50=50mg╱kg，毒性遠遠超過DDT與芬普尼。這兩種物質，我們每天接觸的量，絕對比一杯手搖飲料裡的農藥殘留來的高，可是為什麼媒體沒有一天二十四小時的瘋狂警告你呢？

我也不知道，只能跟大家說，在這個資訊爆炸的年代，大眾只能靠自己的基本常識，加上邏輯自己判斷，才能避免自己在被毒死之前，先被嚇死了。

13 烤肉可能致癌？

入秋的台灣熱鬧又歡樂：中元節一過，中秋節將至時，各式各樣的普度燒金、烤肉活動統統出爐；在此同時也會聽到種種關於健康或環保的警告：燒金紙造成空氣污染超標啦、烤肉容易致癌啦……在知識水準提升的同時，許許多多有趣的矛盾，也出現在我們的生活中。你或許覺得很奇怪，「知識」怎麼能帶來矛盾？

中元節的 PM2.5

中元節期是個充滿人情味的民俗節日，讓無主孤魂野鬼享受人間香火，接受四方供養，但在燒零用錢跟新衣服該送給好兄弟的同時，「PM2.5」就出現了。

PM2.5懸浮微粒對於人體各種不可逆的傷害，已經眾所皆知就不再贅述。排除我們一般小市民無能為力的工業廢氣、交通工具不談，日常生活中最常接觸的PM2.5來源，就是抽菸、燃燒金紙、焚香、和焚燒蚊香這些燃燒不完全的物質。若你走在午後的街上，看見家家戶戶跟公司行號「普渡」、「拜門口」的盛況時，你就吸進了大把的PM2.5。

中秋節的致癌物「異環胺」

雖然月亮和肉並沒有直接的關聯，但某年開始，台灣人突然就集體變成「啊中秋節就是要烤肉啊！不然要幹嘛？」的信徒了。此時總會有專家好心提醒：月餅烤肉不要吃太多，以免攝取過多熱量，還有多補充高纖蔬果避免便祕……我想提的是：先別說烤肉了，你聽過「異環胺」嗎？

「異環胺」是同時帶有異環（heterocyclic ring）以及胺基（amine, -NRR'）的化合物；所謂的異環，也被稱做雜環，就是在一個環狀結構上，含有兩種以上的元素。美國衛生署（NIH）的癌症研究所已經由動物實驗證實，囓齒類動物暴露在高劑量異環胺中，會導致癌症。

看完這段，大部分的人應該都會對「異環胺」避之唯恐不及了，假設新聞報導某餐廳食品中驗出「異環胺」，那老闆一定會被大眾口誅筆伐為「黑心商人」。如果你在意這件事的話，那中秋節還是別烤肉了吧。

說得簡單一點吧：生活中，最容易產生異環胺的一件事就是烤肉。肉類富含的蛋白質，在高於一百五十度C的溫度烹煮時，會就分解或變性而產生異環胺。溫度越高、加溫時間越長，或直接被火焰燒烤，會產生更多的異環胺，甚至產生致癌性更高的多環芳香烴（PAHs）。不論是異環胺還是多環芳香烴，都有破壞細胞內遺傳物質DNA的可能，因而致癌。調查顯示攝取過多以燒烤、油炸方式烹調的肉類，會提高罹患大腸癌的風險。

適度、中庸——思考數字上的合理性

PM2.5和異環胺的危害是確確實實存在的。雖是這麼說，但我用搜尋引擎做了點功課，網路上能找到的報導都非常一面倒，有些過度渲染了風險，彷彿是為了點閱率而存心造成恐慌。比方說在實驗中使用的異環胺劑量非常高，若不是天天吃燒肉，普通人平時不大可能一次吃下這麼多。

身處這個資訊爆炸的時代，來自四面八方各式各樣的資訊，如果不加思考照單全收，往往會引起不必要的恐慌。

之前農藥手搖茶的「毒茶風波」也是如此，經過媒體大幅渲染，造成大家不思考攝取量跟濃度，總覺得喝杯茶就會得癌症。農藥的確有毒，但要喝到會出事，真的要喝很多！擔心的話，之後不喝就好，沒必要在看到新聞的當下就心生恐懼，歇斯底里的覺得自己已經中毒了。最重要的是，飲料當中的大量糖分對人體的危害，比那零點幾ppm的農藥還要嚴重多了。

如果是這樣「那中秋節也別烤肉了吧」，最好也別去吃牛排和燒烤餐廳。因為就飲食習慣跟含量比例來看，異環胺的風險，絕對不比手搖飲料中的農藥低。再者，用木炭烤肉，排放出的二氧化碳、PM2.5，跟燒金紙也是不遑多讓的。除非你餐餐都吃烤肉，否則要因為攝取過多異環胺得到癌症的機率，絕對比吃過多烤肉造成肥胖問題的機率來得低！

「謝博士，那你中秋節烤不烤肉？」

哈！我的飲食習慣比較清淡，眼睛又很怕煙燻，所以向來不大烤肉的。況且，我小時候，中秋節根本就沒有烤肉的習慣啊！吃著水果、月餅，欣賞天上的皎潔明月，不是比滿頭大汗、又只能看見被煙遮的霧濛濛的月亮，來得輕鬆舒適多了嗎？

14 毒黑糖事件的啟示

「化學藥水煮飯？添加防腐劑是必要之惡」的文章，引起不少迴響。認同的人很多，但有異見的人也不少：主要還是根本不能接受煮白飯那麼簡單的事，為何要加保鮮劑？還有留言要我把整鍋白飯吃下去。

我一直覺得，缺乏邏輯和理性去面對、理解現實狀況，其實比化學物質更可怕。根據實際數據和理性分析，說明在「無法避免」的情況下（不是你家裡煮一鍋飯馬上吃，也不是當兵部隊裡煮幾百人份，而是要煮幾萬人份的白飯放幾小時後吃），只要確認用量正常，所用的保鮮劑也經過認證，那加保鮮劑烹煮白飯，就是一件不滿意，但可以接受的事，也沒有什麼危害。

我希望大家「不用歇斯底里的恐慌」，跟「鼓勵多吃食品添加劑」是完全不同的兩件事。就像毒茶風波一樣：從來沒有人認為有農藥是應該的，也不可能鼓勵大家喝農藥；但在正常攝取量下，如果幾乎不可能有危害，那就別杯弓蛇影的自己嚇自己。大家真正該關心的是，為何手搖飲料原料會難以管制？為何營養午餐非得要將成本壓這麼低，導致廠商無法提升設備而需要把飯放這麼久？這絕對不是簡單的把責任推給「商人無良」、「政府無能」謾罵兩句，就可以解決事情的。

為何有這麼深的感觸呢？因為接下來要講的「黑糖裡的丙烯醯胺」，就是一個經典的案例：沒有充分了解事實之前，真的別輕易下結論。

健康的黑糖抽檢，全部驗出致癌物？

曾經媒體發表了一篇報導，指出台灣市售的黑糖，都含有「致癌物質」丙烯醯胺。不難想像大家有多恐慌了，對事實一知半解的人，再次大肆痛罵「都是無良商人、無能政府的錯」。

這其實有點好笑。因為第一，丙烯醯胺並不是人工加進去的，是生產過程自然產生的；第二，真正含有高量丙烯醯胺的，其實不是黑糖，而是其他我們更常吃的食品；第三，丙烯醯胺到底是不是個致癌物，這件事根本沒那麼簡單！

的確，丙烯醯胺對人體及動物都具有「神經毒性」，在以老鼠為對象的實驗中，也的確是致癌物。國際癌症研究中心（IARC）將丙烯醯胺列為「2A類可能致癌物」。

但什麼是「2A類可能致癌物」呢？它的定義是：有限的或不充分的流行病學證據，加上動物實驗證明致癌；雖然理論上對人體有致癌性，但實驗的證據有限。白話一點就是：丙烯醯胺已證實對動物有致癌性，因此推斷可能對人體也有類似作用，不過對人體的影響因為證據不足難以斷定。事實上，不少研究指出丙烯醯胺跟許多癌症，沒有統計上的相關性，所以才給了它「2A類可能致癌物」如此曖昧的分類。

丙烯醯胺的曲折身世

丙烯醯胺被發現有毒，是一個曲折的故事，要從它的親戚「聚丙烯醯胺」（Polyacrylamide, PAM or PAAM）開始說起。PAM是丙烯醯胺聚合而成的高分子（就像葡萄糖聚合成澱粉一樣），具有高吸水性，可以形成水膠，在造紙、水處理等工業上很有用。雖然PAM本身沒有毒性，但無可避免會殘留一些單體的丙烯醯胺，所以世界上大部分的國家，都是對丙烯醯胺在水中的濃度訂定標準，對食物中的標準反而沒有訂定：因為根本不會有人把它加進食物裡去。

誰想到要檢查食物中的丙烯醯胺呢？就要從一九九七年時瑞典的比加半島說起了。當時瑞典人正在建造一條隧道，為了解決漏水問題，工程團隊大量使用了PAM做為防水劑，結果防水劑殘留的丙烯醯胺滲入地下水，造成當地母牛站立不穩、魚群死亡。瑞典政府發現後，立即採取措施：銷毀乳製品、撲殺家畜，連當地的蔬菜也都一併銷毀。

看到這，是不是想罵：「無良工程師！污染環境，造成地下水污染！」別急，故事還沒完……有趣的事在後頭。為了確認丙烯醯胺對人體的影響，採集了當地工人的血液樣本，跟其他地區的瑞典人做比較。沒想到：工人血液中的丙烯醯胺濃度固然很高，但其他人的血液裡，丙烯醯胺濃度也不低！這實在太震驚了！丙烯醯胺從哪裡來的呢？瑞典飲用水中的丙烯醯胺濃度是正常的，於是來源只有可能是食物。經過研究後竟然發現，只要富含澱粉的食物，經過高溫油炸就會產生丙烯醯胺。所以大家常吃的薯條、洋芋片中，丙烯醯胺濃度比飲水中高了幾百幾千倍！這可是「2A類可能致癌物」啊！

二〇〇二年瑞典政府發布這項消息時，媒體的報導方式立即讓所有群眾認為：「食品中高濃度丙烯醯胺→得癌症。」一時之間，人們歸罪食品工業沒良心，為何要添加有毒的丙烯醯胺到食品裡？

故事當然還沒結束。食品工業界持續研究，終於發現，只要食物中含有常見的胺基酸「天門冬醯胺」，跟到處都有的還原醣（葡萄糖、果糖、乳糖、麥芽糖）一起加熱，就會進行梅納反應（Maillard reaction），產生丙烯醯胺。

好吧！罪魁禍首就是梅納反應，總可以開罵了吧？

當然不對。你知道什麼是梅納反應嗎？梅納反應會使得食物在加熱過程中，表皮變褐變黑並且散出香味。這麼說吧，家裡炒肉片、煎魚、煎牛排「煎得赤赤的」那種表皮微焦、香氣四溢的狀態，就是梅納反應的結果。也就是說烤肉之所以會香、蛋炒飯會好吃的主要原因，都是梅納反應。甚至可以說，從人類開始懂得用火，開始吃熟食開始，梅納反應就一直陪伴著我們：幾乎所有因為加熱食物帶來的色、香、味，都跟梅納反應有關。

黑糖中之所有丙烯醯胺，就是因為加熱甘蔗汁的過程進行了梅納反應，在黑糖獨有的焦香風味產生的同時，也一起生成了丙烯醯胺。同樣的，炸薯條、炸洋芋片、加熱乾燥過的杏仁果、油條，甚至是紅燒肉、炒青菜，也都經過梅納反應，也都會產生丙烯醯胺。

現在有沒有覺得黑糖很無辜呢？

食品工業當然也沒閒著，開發出許多降低黑糖中丙烯醯胺的方法：降低處理溫度、加入酵素分解掉天門冬醯胺、加入氯化鈣、氯化鎂等物質抑制梅納反應。但整個事件更有趣的是，自二〇〇三年起，世界許多知名研究機構針對丙烯醯胺跟癌症的關係做研究，不少報告結果顯示：會不會得癌症，跟丙烯醯胺似乎沒關係。簡單地說，丙烯醯胺雖然不是好東西（神經毒性、對動物致癌），但人類根本還搞不清楚丙烯醯胺對人類到底有多壞，或者說，究竟能不能算是個對人類有致癌性的東西。

丙烯醯胺故事的意義

第一，追根究柢很重要。千萬不要看到黑影就開槍、只看標題就破口大罵。

第二，不要以為所有的錯都是人為故意的，也別覺得天然的最健康。黑糖的製程自古以來都是這樣，用火烤食物更是人類文明的象徵，正是這天然的手法產生了丙烯醯胺，難道這些都是「無良商人」的錯嗎？

一定還是有人會問：「那謝博士，到底丙烯醯胺有沒有毒？黑糖可不可以吃？炸薯條、洋芋片、油條是不是都不能碰？」

我只能說：丙烯醯胺確定有神經毒性，動物實驗會致癌。對人類來說，沒人確定到底會不會致癌⋯⋯

「沒良心耶！哪來的博士！你自己來每天吞一整罐丙烯醯胺試試看啊！」

別急著開罵。與其拘泥在黑糖有沒有毒，薯條能不能吃，不如好好思考自己的飲食習慣吧！你會餐餐吃黑糖、吃薯條、吃洋芋片嗎？如果不會，那你就不用擔心。如果因為害怕丙烯醯胺，所以少吃甜食、油炸、燒烤，轉而多吃蔬果的話，那顯然是好事；而就算不考慮丙烯醯胺，糖、油炸、燒烤吃多了，肯定對身體不好。這可是有很明確的研究報告指出的，跟丙烯醯胺至今仍「無統計上相關性」的致癌程度不一樣唷！

知識就是保護自己最有效的力量。但是，一知半解見到黑影就開槍可就不妙了。來杯黑糖薑茶嗎？

15 泡過藥水的蝦仁，吃四尾就傷腎？

前陣子的這則新聞引起我的注意：「蝦仁泡磷酸鹽增重　攝取過量恐洗腎」，注意的原因倒不在於事大事小，而是——這根本不是新聞啊！不信去Google看看，幾乎每隔一段時間，零售蝦仁泡磷酸鹽的問題，就會被爆出來再講一次。

「謝博士，難道不應該嗎？這些無良商人直接把白色的化學粉末加進泡食物的水裡耶！太沒有良心了！」

我想不少人都是這樣的想法，所以義憤填膺。坦白說我也感到很憤怒，因為生鮮食品裡根本不應該加入磷酸鹽。不過，不能因為憤怒就搞錯事件的重點，關於磷酸鹽，有幾點要先讓大家知道：

一、磷酸鹽是一種非常安全的食品添加劑，基本上，沒有毒。

「謝博士，你開玩笑吧？」

我沒有開玩笑。不相信，去看看餅乾、麵粉、麵條，甚至是香腸、貢丸等食品，裡面幾乎都有添加磷酸鹽。

二、磷酸鹽的問題之所以嚴重，就是因為它沒有毒，太好用了。看起來很詭異？說穿了，磷酸鹽的問題，跟反式脂肪異曲同工之妙：人們一開始愛它，到後來使用的太氾濫，發現有問題了，轉為恨它。讓我來解釋吧！

磷酸鹽是什麼？

如果有學過生化的讀者，聽到磷酸鹽，一定脫口而出：「buffer啊！」沒錯，磷酸鹽其實就是生物體內的緩衝劑，作用是平衡pH值。你有我有，海鮮、豬牛羊肉中都有，只要有蛋白質，都可以驗出磷酸鹽。新聞當中描述「去市場採集七個蝦仁樣本都驗出磷酸鹽，不合格率百分百」這句話其實是有語病的：雖然以檢測出的濃度來看，的確是有外加磷酸鹽，但就算是沒有加，還是可以驗出磷酸鹽。因為磷酸鹽本身就是生物體中含量最豐富的鹽類之一。所以我才會說，磷酸鹽，基本上沒有毒。

磷酸鹽是一種合法，並且被廣泛使用的食品添加劑，在不少食品中都可以發現它：在麵包、餅乾等烘焙食品中所用的蓬鬆劑，含有磷酸鹽；一般的麵條、泡麵中的改良劑，也有磷酸鹽，可以讓麵條耐煮，也有防腐作用；牛奶、起司等乳製品中，也有磷酸鹽，是用來防止乳蛋白、脂肪跟水分分離；香腸、熱狗、貢丸這些用絞肉做成的食品中，磷酸鹽可以提高保水能力跟黏著性，保持食品的形狀，更容易切片。

磷酸鹽的危害

既然磷酸鹽那麼好，為何在蝦仁中驗出來，會引起注意呢？這是因為，不知不覺中，我們已經攝取過多的磷酸鹽了。

磷酸鹽雖然沒有毒，但是攝取過量，一來是會影響鈣離子吸收，容易造成骨質疏鬆；再來，過多的磷酸鹽，對腎臟的負擔很大，長期高量攝取，容易引起腎臟功能的問題。那麼，多少磷酸鹽才是太多呢？我們先看一下政府的標準吧。

食藥署規定用作膨脹劑、食品改良劑、接著劑（就是上面講到的香腸、貢丸等絞肉製品）等磷酸鹽類，都限於肉製品與魚肉煉製品，食品製造或必須加工時才能使用；用量以磷酸根計算，每公斤不可以超過三克，也就是三千毫克。我們用香腸做例子，一般一條香腸大概是五十克左右，所以理面的額外添加量最多有一百五十毫克。一般並不需要加那麼多磷酸鹽，用三十毫克計算就可以了。

那人一天正常可以攝取多少磷酸鹽呢？目前美國和歐盟所訂定的每人每日最大容忍攝取量，是體重每公斤七十毫克。也就是說，以體重六十五公斤計算，一天最多最多可以攝取四千五百五十毫克，大概就是一百五十根香腸。

「謝博士啊，依照你的邏輯，一般人也不大可能一天吃到一百五十根香腸，所以問題不嚴重，對吧？」

大錯特錯！別忘了，磷酸鹽的攝取並不是只有添加物而已。因為所有的肉類蛋白質當中都含有磷酸鹽，只要有吃肉，就會攝取磷酸鹽。況且，七十毫克每公斤是上限，如果你每天都吃到上限，還是很不健康。我取一個比較健康的值，每天二千五百毫克好了，再估計一下一般成年人每日正常飲食中的磷酸鹽含量，大概是一千～一千五百毫克。所以，除了平常吃的正常飲食，每個成人每天大約還有一千毫克的空間可以吃磷酸鹽添加物；以香腸每根三十毫克磷酸鹽的含量來看，大概是三十三根。

感覺好像還好吧？

所以，為什麼看到新聞中報導，一尾蝦仁中有二百八十毫克的磷酸鹽，我感到真的很不應該。只要你中午的蝦仁炒飯當中有四顆蝦仁，你就超標了！更別說腎功能較弱的小孩或是老人，一吃到就可能受害極深。更何況，生鮮食品根本沒必要加磷酸鹽，不但讓人購買的時候無法判斷新鮮度，唯一的好處就是多吸一點水，秤起來比較重，讓商家可以多賣點錢。這種損人利己的行為，你說，能不生氣嗎？

怎麼分辨正常蝦仁、藥水蝦仁？

可是大家就喜歡蝦仁肥大飽滿、咬起來又脆又彈牙的口感，有什麼辦法呢？當一個市場當中有一個攤販開始賣泡過藥水的蝦仁，其他小販的普通蝦仁相較之下就顯得軟軟爛爛、賣相不佳，只好紛紛跟進。久而久之，蝦仁泡磷酸鹽變成常態，海鮮批發商見怪不怪，沒有泡過藥水的蝦仁反而不敢拿出來賣了。說穿了，還是要怪消費者錯誤的一味期待「蝦仁就是要又大又脆才鮮美」。

不得不說，除非拿去實驗室檢驗，並沒有明確從外觀就可以分辨泡藥水海鮮的方法。只能說當你感到蝦仁脆得不太自然，可能就中了磷酸鹽蝦仁的鏢：就算是新鮮蝦仁自然就富有彈性，煮熟之後也不該像彈力球一樣，丟到盤子上還可以「咚」一聲彈起來。更好的方法是購買整隻蝦子回家自己剝，比較安心。

傳統市場的安全盲點

幾乎所有愛下廚的人都偏好到傳統市場買食材，因為新鮮就是最好的味道，而傳統市場散裝、露天擺放的食材，正好給人一種新鮮現宰、產地直送的感覺。以蔬菜水果而言確實是如此沒錯，不過在傳統市場購買各種肉品，或是小販自製的加工食品，就需要比較留心了。

對於這些容易對健康產生疑慮的食材，我比較傾向從有保證的管道購買，並且建議各位不要一味追求「美食」。為什麼有人要把蝦仁泡磷酸鹽？因為消費者聽說蝦仁又Q又彈才鮮美；為什麼有人要生產硼砂做的鹼粽？因為它比沒加硼砂的更好吃Q彈不黏牙、色澤更漂亮更好賣。明知非法，卻還生產這些食品的商人是可惡的，不過說回頭，依然是大眾對食物錯誤的期待與慾望造就了這些怪物。

以我的角度來看，這件事甚至比「藥水白米」或是「農藥手搖茶」事件還要嚴重！因為大家早已在不知不覺中被影響，還習以為常，覺得蝦仁就是要脆才好吃。這跟反式脂肪難道不是一樣可怕嗎？每天吃四顆就會超標的蝦仁，難道不比要喝幾萬杯才會有影響的「農藥毒茶」嚴重嗎？

不能只看熱鬧，要有知識才能看懂門道。每則食品新聞到底對我們健康影響多嚴重，不是靠聳動的標題，或網上的口水戰來決定，重點還是要回到知識和理性判斷。記得，不要再一味追求蝦仁的口感了，那是不正常的。

16 破解橄欖油的祕密

「什麼是橄欖渣油？跟橄欖油差在哪裡？會對身體有害嗎？」

「謝博士，到底純橄欖油、冷壓初榨橄欖油誰比較純啊？為什麼每個店員說得都不一樣？」

看到這些問題，我也能感受到大家內心深處的困惑，畢竟這幾年健康飲食風氣盛行，而橄欖油更是大家心中首選的健康食用油。所以到底橄欖油的等級怎麼分呢？知名廠商用來製造的「橄欖渣油」又是什麼呢？讓我們來一一探討吧！

「橄欖油」怎麼分等級？

大家在購買橄欖油時，一定會注意到琳琅滿目的各種標示法，「冷壓初榨」、「特級」、「純」、「精製」等等，到底橄欖油的等級怎麼分呢？

就跟葡萄酒一樣，橄欖油也有一套分級體系，專業的品油師會評定橄欖油的味道，並確認橄欖油有沒有變質。至於分級的標準主要有三種：一是橄欖果實的等級，二是取得橄欖油的方式，第三則是有沒有進行後續的加工。

什麼？橄欖果實有分級？

就跟水果有分不同品種、甜不甜一樣，橄欖果實一樣有分等級。可以製作橄欖油的橄欖大概有六百多種。品種，種植的土壤、氣候、收穫時間，以及採收後果實有沒有壞掉、破皮，都會影響之後製油的等級。所以分級的第一個標準，就是橄欖果實的等級。

什麼是「取得橄欖油的方式」？

聽起來很健康的「冷壓初榨」，就是最傳統取得橄欖油的方式：直接去壓榨打成糊狀的橄欖果泥，橄欖汁跟橄欖油就會流出來。第一次壓出來的，就叫「初榨」。再來，如果是在室溫下（歐盟規定二十七度以下）去壓榨，就叫「冷壓」。除了直接壓榨之外，有時也會使用有機溶劑去萃取橄欖油。

「什麼！有機溶劑！」

對，你沒看錯。因為經過壓榨的橄欖果泥，裡面其實還是有油分存在的，只是利用壓榨的方式，已經擠不出來了，這時候就會使用有機溶劑（通常是正己烷）去萃取出殘餘的橄欖油，再利用加熱的方式去除溶劑，得到橄欖油。

「那謝博士，有些叫做『精緻』橄欖油，是怎樣精緻啊？特別去挑選果實嗎？」

哈！大錯特錯。所謂「精緻」，其實就是「精製」。純天然的橄欖油或是其他植物來源的食用油，因為每一批原料多多少少都會有所不同，所以在顏色、氣味，或是其他天然來源的不純物的含量上都會有所不同。為了讓消費者買到品質均一的商品，所以通常會利用加熱、低壓、過濾、有機溶劑等等方式，對天然油品進行脫色、脫臭、去除游離脂肪酸和天然不純物。此外，為了讓油品更適合在高溫使用，有時也會透過氫化的方式，將油品中的不飽和脂肪酸，轉化為飽和脂肪酸。簡單說，就是進行「後加工」，這也就是所謂的「精製／精緻」了。

介紹完上述背景知識之後，我們可以來看看，一般市面上的橄欖油商品，是如何分級的。其實每個國家或地區的標準都會有些差異，我們就依據國際橄欖油協會（International Olive Council）的分級來介紹，總共分為七大類，九種：

一、**特級冷壓初榨**（Extra virgin olive oil）：最高等級的橄欖油。精選過後的橄欖果實，在室溫下以純物理方式進行第一次壓榨所得到的橄欖油。酸價低於〇．八（free acidity is not more than 0.8 grams per 100 grams）。順道一提，所謂的酸價，指的就是油品中游離脂肪酸的含量。游離脂肪酸是三酸甘油脂分解後形成。簡單說，酸價過高，表示油品氧化、劣化；但是酸價越低不代表越新鮮、越天然喔！天然植物萃取中有一定比例的游離脂肪酸是正常現象，而且游離脂肪酸可以經過精製去除。所以，合乎標準即可，不用一味追求數字。

二、**冷壓初榨**（Virgin olive oil）：跟特級冷壓初榨一樣是室溫下以純物理方式榨取，酸價小於二．〇，可以直接做為食用油販售。

三、**普通冷壓初榨**（Ordinary virgin olive oil）：製作方式跟上面兩種一樣，酸價小於三．三。在某些國家或地區，這個等級已經不會直接做為食用油販售了，而是經過精製後再做為食用油販售。

四、次等冷壓初榨（Virgin olive oil not fit for consumption／Lampante virgin olive oil）：酸價大於三．三的冷壓初榨橄欖油，一般不建議食用。精製後才可以做為食用油，或是做為工業用油。

以上四種，才是「冷壓初榨」。只有前兩種，才是大家認知中可以直接做為食用油使用的「冷壓初榨」橄欖油。

五、精煉／精製橄欖油（Refined olive oil）：就是把第三、第四種橄欖油經過精製之後所得，酸價小於〇．三。這種橄欖油，一般也不會直接販售，而是做為「調和油」。

「調和油？什麼意思？」

別急，繼續看下去就知道了。

六、**橄欖油，或是有些廠商寫作純橄欖油**（Olive oil）：簡單說，就是五十二：在精製橄欖油中加入一些冷壓初榨橄欖油調和風味，做為食用油販售。酸價小於一．〇。現在知道什麼叫「調和油」了吧。至於為何有人會寫作「純橄欖油」，主要是因為經過精製，跟冷壓初榨相比，天然不純物的確比較少，所以寫成「純橄欖油」做為銷售賣點。但事實上，它是調和油，跟大家心裡想的「純」，不大一樣。

七、**橄欖果渣油／橄欖渣油**（Olive pomace oil）：經過壓榨之後的橄欖果泥，稱為果渣（pomace）。因為直接榨已經擠不出油來了，所以會利用有機溶劑（通常是正己烷）來萃取殘存的油分，再利用加熱的方式去除正己烷。橄欖渣油又可以分成三個等級：

七．一、**未純化／粗提橄欖果渣油**（Crude olive pomace oil）：就是用有機溶劑萃取完之後。尚未精製、純化的橄欖果渣油。

七．二、**精製橄欖果渣油**（Refined olive pomace oil）：七．一經過脫臭、脫色、過濾、去除游離脂肪酸之後的橄欖果渣油，酸價小於〇．三。在某些國家這個等級的油是不能直接做為食用油販售的。

七．三、**橄欖果渣油**（Olive pomace oil）：就是七．二＋二，加入一些冷壓初榨橄欖油調和風味，酸價小於一。這個等級的油，只要合乎各國家／區域的相關食安規定，是可以做為食用油販售的。

「謝博士，還有一種Extra light olive oil啊，你怎麼沒提到？」

所謂extra light，其實就是六，olive oil，也是五＋二，只是添加的二比較少，所以顏色、味道都比較淡。

品質孰高孰低

這幾種等級的橄欖油到底誰好誰壞，坦白說，見仁見智，主要決定於拿來做什麼用途，以及個人對風味的喜好。如果你追求的是天然、有機、非人工，那當然是特級冷壓初榨；如果你是餐飲業者要標榜「用橄欖油炸的雞排／鹹酥雞」，那純橄欖油會是不錯的選擇；如果不是對天然、有機、非人工有特殊的執著，也不是拿來吃的，那其實橄欖果渣油拿來做手工皂，或許還比冷壓初榨好用、更容易皂化。

「所以，謝博士你的意思是根本沒差？」

當然不是。如果常看我文章的朋友，就會知道我對這類問題的立場很簡單：

如果你是使用者，想清楚你要的到底是什麼

如果你要的百分百純淨天然非人工，那特級冷壓初榨就是唯一選擇，所謂的「純橄欖油」當然不會是你的選項：因為它是經過人工精煉精製的，跟你想像的「純、天然」

不一樣，更別說橄欖果渣油了：裡面多多少少會有有機溶劑殘留。但如果你只是想用個橄欖油，對於天然、有機、非人工沒有特殊執著，那純橄欖油就是個好選擇：它是合乎食用標準的。

如果你是廠商，就說清楚你賣的到底是什麼

橄欖油在消費者的印象中，就是天然、健康。真正最天然、健康的，就是冷壓初榨，所謂的「純橄欖油」、「精緻橄欖油」當然也是好油，但就不能說是「純天然、非人工」了。相同的道理，用橄欖果渣油做一些像是手工皂之類的日用品，其實並不會不適合，但就不應該含混的說是「純天然橄欖油」，更別說還訴求「純天然、純有機」了：因為根本就不是。

其實，橄欖果渣油也不是首次上新聞。還記得二〇一三年大統引起的油品食安風暴嗎？當時，衛生局人員發現，大統進口的就是橄欖果渣油，為了讓賣相佳，大統還添加銅葉綠素調色，冒充為「頂級冷壓初榨橄欖油」：問題重點其實不在橄欖果渣油，橄欖果渣油並不是不能用，而是廠商不應該說謊、不應該以次等冒充頂級，欺瞞消費者。

下一次，當你站在琳琅滿目的橄欖油品前，想要挑選等級較高的食用橄欖油，請務必同時參考中、英文的品名。而我也希望業者能夠想清楚，「誠實為上策」，用次等品假冒頂級品，絕對不是品牌、商業經營的長久之道。

17 什麼是異抗壞血酸鈉？

讀者來信：喝某老牌子瓶裝紅茶的時候無意間看了一下成分，發現成分有個東西「異抗壞血酸鈉」……名字有點可怕耶，為什麼廠商要添加這些化學的東西呢，難道不能不要加嗎？

每次走進便利商店，罐裝飲料、包裝零食、泡麵等等讓人目不暇給，不過這些食物既然不是新鮮直送的，往往都需要一些食品添加物。食品裡面添加防腐劑的目的，主要有四個：

一、避免變質、延長保存期限
二、替代天然食材以降低成本
三、增添色、香、味
四、改變食物的質地，讓口感變好

基本上，幾乎所有市售食品、經過加工的食材，以及飲料、零食等等，裡面都有添加食品添加劑。不過，你可能不知道，看起來可怕的成分，不見得危險；而很普通的名詞，往往卻是問題之所在！

我到便利商店選了一些常見的加工食品，列出裡面比較讓人困惑的食品添加劑，帶大家來看看：

「食品級碳酸鉀」、「重合磷酸鹽」、「碳酸鈉」——常見於泡麵

這三項化學成分都是「麵質改良劑」，目的是要讓麵條吃起來更鬆，或更有彈性的添加物，主要是改善口感。碳酸鉀、碳酸鈉、重合磷酸鹽都是常見添加於食品的鹽類，基本上都沒有立即性的毒性，除非你一口氣吃下百包泡麵（那時候你關心的一定不是鹽類毒不毒，而是肚子脹得想死）。

「維生素E」——常見於泡麵

恭喜你，這個維生素E就跟買回來吃的維他命E是一模一樣的東西。維生素E的主要功效，就是防止食物氧化變質，算是一種非常安全的食品添加劑，也沒有什麼危害。

「肉精粉」——常見於泡麵

我幾乎可以跟你保證，肉精粉裡面什麼都有可能有，就是沒有肉。所謂肉精粉，比較貼近的描述應該是「肉味調味劑」：讓食物有肉的味道。每一家的配方會不大一樣，不過肯定都是人工調味劑。因為每間食品廠商使用的合成調味料不同，我們不能從「肉精」這個名詞中得知到底是由什麼物質組成，但可以肯定的是，通常都是高鈉的，吃多了對腎臟不好。

「L—抗壞血酸鈉」、「異抗壞血酸鈉」——常見於飲料

這兩個都是抗氧化劑。其中L—抗壞血酸鈉，就是維他命C；而異抗壞血鈉，則是維他命C的一種異構物，抗氧化力更強。這兩個成分，雖說名字看起來很可怕，但基本上都是很安全的，不用擔心。

「羧甲基纖維素鈉」——常見於乳類飲料、拿鐵、巧克力飲料等

這是一種經過人工修飾的纖維素，可以增加飲料的黏度，喝起來比較有口感，並且營造一種濃郁、用料扎實的錯覺。跟抗壞血酸鈉一樣，雖然名字可怕，但基本上是安全添加物。

「脂肪酸甘油脂」——常見於泡麵、布丁

雖然有個「酸」讓大家看不懂，其實就是油脂。添加在食物中，通常是當作乳化劑使用，基本上是安全的。

「色素」——常見於泡麵、飲料、零食……，幾乎是任何加工食品都有。

為了讓食物的顏色更漂亮，色素幾乎是隨處可見的添加物。食用色素有天然的、也有人工的。但不論是哪一種，目的都一樣：染色。

色素安全嗎？這問題到現在依然是有爭議的，只能說，不多吃一定沒有大礙。但話說回來，人為何要吃染料呢？染料是為了讓食物好看，讓賣的人可以賣得更好，對吃的人沒有任何幫助。

「XX濃縮液」、「天然XX萃取」——常見於果汁、茶飲料

坦白說，這些成分應該都是從水果、茶葉萃取來，不至於有大問題。但需要深究的有兩件事：有沒有加防腐劑？原料等級是新鮮的，還是過期、快腐壞的？我通常都會跟朋友說，想喝茶，最好現泡；想喝果汁，就去現榨。這些瓶裝的飲料，除非不得已，我是不喝的；就算喝，我心裡也會告訴自己：這不是真的茶！這不是真的果汁！

「氯化鉀」、「氯化鎂」、「碳酸氫鈉」、「乳酸鈣」——常見於飲料

這些是常見添加於飲料裡的鹽類，作用是調整酸鹼度與離子強度。雖然名字看起來很「化學」，但他們都算是很安全的添加物。

「香料」、「調味劑」、「乳化劑」、「天然香料」——任何加工食品都有

老實說，當成分表這樣寫的時候是很不負責任的：只寫出作用，卻不講清楚它們到底是什麼。會用這種寫法的原因有二：一是太多了，寫出來很複雜；二是雖然用的成分合法，但名字一看就知道是人工合成的，怕嚇壞消費者，乾脆不寫。簡單地說，當廠商這樣打馬虎眼的時候，反而比較需要懷疑。

「砂糖」、「果糖」、「麥芽糖」

很多人一定覺得，「謝博士，這些就糖啊！有什麼好講？」各位，過多的糖分攝取，其實才是這些飲料會傷害健康的主因！最可怕的肥胖、糖尿病，都是一口一口喝出來的！

一口氣講了那麼多，主要是希望幫助大家更能看懂食品的全成分表，不用為了化學名詞恐慌。最後歸納以下三個要點：

一、名字嚇人的，不見得就是十惡不赦的；

二、看起來越普通、越籠統的寫法，往往問題最大；

三、色素、人工香料都很容易識別，能不碰就少碰。

為了自己的健康，請大家以後入口之前，多多看一下成分表吧！

第2篇

美容保養的化學常識

18 冷水洗臉可以緊緻肌膚？

之前曾有美麗的女明星公開表示，她一年四季都只用冷水洗臉，不管再怎麼寒冷的冬天，還是堅持只用冷水洗臉，所以她的臉部肌膚才能夠維持水噹噹、幼咪咪。公司的實習生妹妹就跑來問我：「謝博士，這是真的嗎？所以洗澡時不能順便用熱水一起洗臉嗎？唉呀怎麼這麼麻煩呀~那如果拔粉刺之前可以用熱水洗臉嗎？」對女生來說，一扯到「面子」問題，總是有「問不完的問題，說不盡的祕訣」。關於洗臉，也是各種私房妙招、危言聳聽滿天飛。到底洗臉的水溫有沒有講究呢？冰水洗臉可以回春是真的嗎？只用清水真的可以讓肌膚遠離過敏嗎？

為什麼要洗臉？要想怎麼洗臉，可以先想想臉上的污垢都是什麼成分。

臉上的污垢，依照來源可以分成三大類：

一、**環境性污垢**：灰塵、空氣中的髒污

二、**生理性污垢**：皮脂、汗水、老廢角質

三、**化妝品污垢**：殘妝

如果按照污垢的型態，也可以再把上面的污垢重新分成三大類：

一、**水性污垢**：灰塵、汗水。也就是說，用清水就可以洗掉的就只有這些

二、**油性污垢**：皮脂分泌、化妝品殘留，要借助清潔產品（洗面乳和卸妝產品）

三、**老廢角質**：這就得靠定期的去角質了

看到這裡，我想大家應該都能了解，「只用清水洗臉」是多不妙的事了。清水只能洗去灰塵、汗水，其他的污垢是洗不掉的。如果有人真的願意相信只用清水洗臉可以得到「絕世完美不敏感肌」，那我要建議：不要化妝吧！彩妝不但難以用清水洗掉，並且對肌膚的傷害，遠遠超過清潔產品。

該用冷水還是熱水？

洗臉該用冷水還是熱水？其實，洗臉就是用「正常溫度」的水就好，不需要刻意用熱水，也不用特別準備冰水。有人問：「幾度算是正常溫度呢？」那我反問，妳洗臉、洗澡會帶溫度計嗎？

所謂正常溫度，不是指一個特定溫度範圍，而是妳個人的習慣。我通常會說，如果是洗澡的時候順便洗臉，那就洗澡水溫度，或是略低一些就好；若是單獨洗臉，那就是自來水溫度，除非是很冷的冬天，可以摻些熱水。用太熱的熱水洗臉確實不好，因為會

將皮脂層過度洗淨，造成皮膚乾燥。如果想熱敷，讓毛孔張開加速保養品中有效成分吸收，那大可以等洗完臉後再用毛巾熱敷，效果更好。至於有人堅持說一定要用熱水才洗得乾淨，我只能說，大家每天都有在洗臉，也有用洗面乳，你的臉通常不會髒到非要用熱水才能洗乾淨的程度。況且，水太熱還有可能引起肌膚敏感呢！

至於有人說冰水洗臉可以不老、抗皺、回春，那也是誇大其辭了。溫度對臉的收斂、縮小毛孔的影響，都只是暫時的。剛剛用完冰水，當然會緊緊的、很細緻的感覺，可是溫度回升之後，就回到正常狀態了。所以真的不用多費這些功夫。

拔粉刺前可以用熱水洗臉嗎？的確，用熱水洗臉可以幫助毛孔張開，使拔粉刺變得容易，這樣做沒什麼不對。問題是在於：千萬不要迷上拔粉刺這件事。不管是用拔粉刺工具還是用妙X貼，其實拔粉刺的過程，拔掉的都不只是粉刺，還有保護皮膚的角質細胞，熱衷拔粉刺對皮膚的健康沒有幫助。如果拔粉刺的頻率太頻繁，容易造成肌膚敏感，而且毛孔也會張大，得不償失。

此外，提醒大家，洗臉毛巾要常更換、清洗。毛巾常常都是潮濕的，每天掛在浴室裡，是細菌繁殖的大好環境。所以請定期清洗、更換，才不會對臉有不好的影響。以上就是針對那些「私房祕傳洗臉絕招」的說明，希望大家看了以後，可以不用再恐慌，每天都可以開心、正確的洗臉！

19 天然鎖水的冬季「油保養」

常常看到彩妝產品標榜「無油」、「控油」，那為什麼還會流行起「油保養」呢？油保養能幫助鎖水，那我的肌膚究竟適合油保養還是無油保養呢？冬日臉部保養，馬虎不得的喲！別擔心，先搞清楚自己的肌膚狀況，再來選擇適合的保養方式，就可以無往不利。

台灣夏日天氣悶熱，所以大部分人在夏天都不大喜歡擦乳液、乳霜等含油保養品，再加上台灣的冬天也不冷，所以台灣人特別喜歡清爽不黏膩、保濕控油的「無油保養」；甚至連進入秋冬換季，都還有不少人堅持著無油保養。不過近兩年，「油保養」成為新顯學，強調油性成分對肌膚的好處。

「老大！那到底哪個是對的嘛？」

這種問題並沒辦法正面回答，想知道答案，先來看看原因吧！

油保養的原理：利用油「鎖水」

夏天開冷氣睡覺，或是冬天怕濕怕冷，家裡開暖氣、除濕機時，可以做個小實驗，倒一杯水放在桌上，觀察一下經過兩三小時後發生甚麼事。你會發現：水變少了。水到哪去了呢？蒸發到空氣裡了。想當然爾，我們皮膚上的水，也是會蒸發被帶走的。這就是為什麼待在冷氣房、暖氣房裡，臉或手腳常會覺得乾燥不適的原因。

實驗繼續下去，這次改放兩杯水，其中一杯在水面上倒一層薄薄的油。你會發現，有油的那一杯，水分不會蒸發。對人體肌膚來說，也是一樣的：要鎖住水分，靠的就是油！

人體的「天然自我鎖水」

用手摸一下自己的額頭跟鼻頭，有沒有覺得油油的？

「不就是T字部位出油？」

人體肌膚有兩層跟油有關的構造，外面的一層是皮脂膜，裡面的一層是角質細胞間的脂質。T字部位出油，其實就是人體肌膚自我保濕鎖水的一道防線「皮脂膜」。皮脂膜是由皮脂腺分泌出來的皮脂及汗腺所組成，能有效鎖住水分，防止皮膚水分的過度蒸發。

皮脂分泌會受到膚質、年齡、身體狀況、氣溫的影響。一般來說，溫度越高、皮脂分泌越多，所以夏天會覺得滿面油光、粉刺痘痘冒不停。這也是大家會喜歡「無油保養」的原因：過度出油、粉刺痘痘、毛孔粗大三者是形影不離的，這些問題實在太惱人了！

但是，有沒有深一層想過，人體肌膚好好的，為何會自己出油？因為分泌皮脂，其實是健康肌膚為了防範缺水的天然預防機制。所以若使用一些油脂幫助肌膚做好鎖水工作、保持肌膚水分，肌膚自然就會調節，不過度出油。這就是「油保養」的基本概念。

看到這，你覺得，「油保養」跟「無油保養」，有衝突嗎？它們並不是完全衝突。只是一個側重在毛孔問題的立即處理，另一個則是以長期保養為主。

我適合「無油保養」還是「油保養」？

在已經滿臉油光、粉刺痘痘冒不停地當下，控油當然是必要的，而此時的肌膚也不適合再擦任何油性保養成分，所以適合使用無油保養；而當肌膚擺脫急性的毛孔問題時，要調理肌膚，長期調節過度出油，還是得靠油保養來讓肌膚達到油水平衡。所以，根據膚況、氣候，來選擇適當的油性保養成分，才是正確保養的關鍵。

「那老大，有很多種不同的油啊！哪一種對肌膚最好呢？」

坦白說，沒有哪一種是「最好」的。每種油都有它的特性，像是摩洛哥堅果油跟橄欖油富含維他命E，抗氧化效果好；乳油木果油跟古布阿蘇油，都是屬於常溫下少見的固態植物油，穩定滋潤又好吸收；神經醯胺跟角鯊烯分別是人體角質間脂質、皮脂膜的主要成分，效果直接。無論是哪一種油，只要真的有添加、比例適當，對肌膚都是有益處的。

看完這些，請不要再糾結於「油保養還是無油保養？」以及「我該選哪種油」這些實質意義不大的問題了。根據自己的膚質狀況挑選油性保養品，並隨著季節適度調整，才能讓肌膚既不缺水、又不冒痘，當個油水平衡的美人。

20 手工皂比沐浴乳溫和？

一入冬，自然會有許多網友紛紛詢問關於沐浴乳、洗面乳、肥皂的相關問題……

「謝博士，秋冬到了，洗沐產品是不是也要跟著換季啊？」

「博士，我聽說手工皂比沐浴乳要溫和，所以秋冬時是不是應該要改用手工皂？」

這些問題的答案，其實跟大家想的都不一樣。因為其實沐浴乳跟手工皂的清潔原理都一樣，也就是「界面活性劑」。

界面活性劑很可怕？錯，蛋黃就是一種界面活性劑！

「可是……界面活性劑不是一種很可怕的化學物質嗎？」

好幾年前，曾經有網路謠言說界面活性劑「會滲入皮膚、用久了會致癌」，造成全民恐慌。不過基本上界面活性劑並不是壞東西，只要具有同時可以親水，也可親油的特性，就是界面活性劑。比方說卵磷脂就是一種界面活性劑，如果把蛋黃跟沙拉油、檸檬汁拌在一起，蛋黃裡面所含的卵磷脂就會發揮界面活性劑的作用，讓原本無法混合的油跟檸檬汁再也不分家，變成好吃的美乃滋。希望這樣解釋之後，不要再有人聽到「界面活性劑」就避之惟恐不及了。

界面活性劑的種類很多，因為特性的不同，也有許多別稱。像是起泡劑、乳化劑、分散劑、清潔劑等等，通通都是界面活性劑。其中，做為清潔用途的界面活性劑，又可以分成兩大類：「肥皂」與「非肥皂」。

清潔類界面活性劑的分類：「肥皂」與「非肥皂」

人類最早用來做清潔用途的界面活性劑，就是肥皂。不過清潔用界面活性劑當中，肥皂其實只占了一部分，另外還有「非肥皂」也可以用來清潔。於是就有人問了：它們有什麼差別？哪種對皮膚比較好呢？

肥皂的主成分是脂肪酸鈉，是一種陰離子界面活性劑。如果有自己製作過肥皂的朋友，應該知道製作肥皂的過程是：讓油脂在鹼性環境下加熱分解成脂肪酸和甘油，然後脂肪酸和氫氧化鈉反應生成脂肪酸鈉。不管你用多高級的油，多溫柔的攪拌，加或不加任何的植萃、精油，只要成品是「肥皂」，都必需靠這個皂化反應。不論是手工皂、市售肥皂，或是液態皂，全都是經過皂化反應的「肥皂」。所以，千萬不要說肥皂不是界面活性劑了，也別說肥皂不是化學品了，這是睜眼說瞎話：因為皂化反應就是一種化學反應，肥皂就是一種界面活性劑。

至於其他製作過程沒有「皂化反應」的清潔劑，就是「非肥皂」了，也被稱為「合成清潔劑」，通常是石油工業提煉、合成產生的碳氫化合物與酸、鹼反應而成。一般市面上常見的沐浴乳、洗髮精、洗衣粉、洗潔精等清潔產品，大都是屬於「非肥皂」。合成清潔劑雖然不是「肥皂」，但清潔原理跟肥皂一模一樣，同樣是利用既親水又親油的特性，來把髒污洗淨。

該如何選擇？重點不在肥皂或非肥皂

「謝博士，那我該選擇肥皂，還是非肥皂呢？哪一種比較溫和？對皮膚比較好？」

判斷一個清潔用品好不好，適不適合自己，主要看的是清潔力的強弱、會不會刺激肌膚，以及是否有其他需求。而這三項特性，與「肥皂」或是「非肥皂」沒有絕對關係。舉例來說，的確有些合成清潔劑像是SLS、SLES，具有刺激性，清潔力又強，使用起來對肌膚不好；但是也有不少合成清潔劑是清潔力適度、刺激性小的。同樣的，有些肥皂pH值高於十，可以算強鹼了，對肌膚刺激性高；同時也有洗淨力比較溫和、甘油含量比較高、pH值適中的肥皂。所以，重點根本不在「皂」或是「非皂」。

那到底該怎麼選呢？給大家幾個選擇的方法與原則：

成分越簡單越好：清潔就是清潔，不管加了多少好東西在清潔用品裡面，最後終究是要洗掉。所以真的不需要選擇加了很多精油、植物萃取、中草藥的清潔用品：不論你買到的產品裡頭的「珍貴成分」是真是假、多高多低，只要加在清潔用品裡，絕大部分都會被洗掉，幾乎不會被吸收。同樣的道理，濃郁的香味、漂亮的顏色，也都不是清潔所需。

清潔力適中最好：清潔目的是把肌膚的髒污洗掉，所以要洗得乾淨；但是皮脂若被全部洗掉，肌膚會敏感不適。所以清潔力適中很重要。如果洗完會咕嚕咕嚕、滑溜滑溜，顯然一定有東西留在肌膚上沒洗乾淨。同樣的，如果洗完之後覺得很乾很澀，那就是清潔過度：這產品要嘛清潔力過高，要嘛pH值太高、太鹼了，不適合拿來洗頭洗臉洗身體。某個被不少人奉為「清潔聖品」、「極致單純」的家事用肥皂，就是最典型的例子：它固然沒有多餘添加物，符合第一項原則，但是它的清潔力太強、pH值太高了，油脂分泌旺盛的人或許適用，但對於乾性肌膚的朋友來說，不但不是救星，反而可能是引起肌膚敏感的元凶。

功效越單純越好：清潔的目的就是洗乾淨。以洗臉的產品來說，最多訴求配方溫和避免水分流失。如果說一瓶洗面乳還有美白、抗老、活膚的功效，那真的是有點過頭了。還有，卸妝跟洗臉，其實是兩件事，最好還是分成兩階段。千萬別相信能有一瓶「神水」可以卸妝清潔保濕美白一次搞定了。

全部是「界面活性劑」，來源、製程其實沒那麼重要：如同前面說過的，不管是肥皂還是合成清潔劑，都是界面活性劑，清潔原理都一樣。所以「天然」、「有機」、「純植物」、「手工」真的沒有那麼重要。手工製作的皂未必比大量生產的肥皂好，沐浴乳也不見得比肥皂差，透明度、顏色跟品質也不見得有絕對的關係。當然，更不要一看到「有機」、「純天然」，就覺得一定有百利而無一害，安全無虞。

再舉個例子，歐洲許多地區的水是硬水，也就是富含鈣鎂離子的水。在這樣的水中無法用肥皂來洗東西，因為皂會和水裡的鈣鎂離子起反應，不但很難起泡，還會生出一層一層的水垢。所以消費者會選擇洗衣精而不是洗衣皂、沐浴乳而不是手工皂。如果沐浴乳會致癌，這些歐洲人不怕嗎？這就說明了其實肥皂、合成清潔劑沒有孰優孰劣，只是適用不適用而已。

很多廠商為了行銷需求，往往在文字上大做文章，操弄一些似是而非說法。寫這篇文章的主要目的，就是希望讓大家明白，很多事情的道理是很明白的，消費者自己要有判斷的能力，才不會迷失在五花八門的資訊、廣告裡。

關於清潔用品的真相與選擇，其實有不少專家達人寫過相關文章。如果讀者有興趣，不妨去搜尋一下相關資料，一定可以更深入了解關於清潔品的客觀、中立、真實的資訊。總之，用在身體上的用品可不是「一樣米養百樣人」，每個人的肌膚狀況不同、清潔需求也不同，要衡量自己狀況，選擇適合產品，千萬別人云亦云，萬一不適合自己，造成肌膚傷害，可就划不來了。

21 沐浴乳致癌？

朋友傳來一篇網路文章「請使用塊狀肥皂沐浴」，內文警告你沐浴乳裡面的Paraben成分恐導致乳癌，因為在部分乳癌患者中發現有Paraben的存在，要你改用塊狀肥皂；但也有另一篇報導指出有些肥皂含有有害的界面活性劑，這下可有趣了！依照這些網路知識家的說法，應該不要用清潔產品洗澡了，用清水洗澡最健康、最安全？唉，不得不說，網路越發達，某些「有心」的人要混淆對化學成分不了解的讀者，實在是易如反掌啊！

先來說說Paraben是什麼

Paraben是一種防腐劑，完整的學名是parahydroxybenzoates，根據官能基碳數的不同，有mp（methylparaben）、bp（butylparaben）、pp（propylparaben）等。

很多人一聽到Paraben，腦袋中浮現的就是致癌、萬惡的防腐劑、黑心商人！我必須很實在的說，防腐劑是必要之惡，一罐沒有防腐劑而腐敗、長滿細菌的產品，絕對比有防腐劑的產品可怕。而世界上的確也沒有絕對安全的防腐劑，Paraben會有爭議，倒不見得是致癌，而是如果高濃度長時間接觸，有引起肌膚過敏的可能。正常濃度下，尤其是在洗劑、清潔劑這些接觸到就立刻沖洗掉的商品中，基本上Paraben是有效而可接受的防腐系統。

每天用沐浴乳洗澡會不會吸收過量的Paraben而致癌？

當然不會！Paraben致癌的說法並沒有被證實，而且洗澡時沐浴乳接觸肌膚的時間相當短，在這個過程中，會進入到你體內的Paraben根本趨近於零，所以千萬別擔心「沐浴乳中的Paraben會致癌」。若是擔心引起過敏，記得別用太高的水溫洗澡，也不要讓沐浴乳在肌膚停留過久，基本上，是不會有問題的。

還給沐浴乳清白後，又有人會對肥皂或清潔劑中的「界面活性劑」提出疑慮了。曾經有網路報導，說界面活性劑有毒性、工業合成的界面活性劑會累積在人體無法排出……，什麼是「界面活性劑」呢？

簡單說，界面活性劑就是可以把水跟油拉在一起的成分。水跟油原本是不互溶的，但是為了要達到清潔效果，讓水可以沖走油，就得靠界面活性劑。不論是臉部分泌的多餘皮脂、用餐後雙手的油膩、衣服上的污垢……只要需要清洗油污，界面活性劑就是那個將油污拉入水中的角色。

有哪些東西是界面活性劑呢？肥皂、一般清潔用品中的合成界面活性劑，當然都是，所以不要再相信「天然手工皂不含界面活性劑」了，它當然也是有界面活性劑的。

對於合成界面活性劑，有不少的疑慮跟擔憂，下面就一項一項來看合不合理吧！

「合成界面活性劑會穿透細胞膜、破壞細胞、讓蛋白質變性」

對，合成界面活性劑的確可以破壞細胞膜，也可以讓蛋白質變性。問題是，你身上的細胞，會直接接觸到界面活性劑嗎？人體表面有角質層的保護，細胞是不可能直接接觸到界面活性劑的。而且不只是合成界面活性劑，是所有界面活性劑都有這個功效，市售肥皂、手工肥皂也不例外唷！

「界面活性劑會累積在體內，破壞你的身體」

每次看到這種論調，都很莞爾。我不能說「界面活性劑百分百不可能進入體內」，但是，量有多少呢？除非你每天都用純界面活性劑泡澡，或是每天都把沐浴乳當身體乳擦不沖掉，不然，真的不需要擔心這種事。

「界面活性劑是環境荷爾蒙，會破壞環境生態」

有一種壬基苯酚類界面活性劑（NPEO，壬基酚聚乙氧基醚醇），在自然界中分解後的殘留物壬基苯酚（NP，也稱壬基酚），的確是一種環境荷爾蒙，會對生態造成破壞及影響。目前在家用清潔劑中已禁用，不過不少服裝、布類加工的過程中，仍會使用。這的確要請大家認明，為了生態，不要使用含有NPEO的清潔劑。

除此之外，還要提醒大家，洗完臉、澡之後，太滑或是太澀，都是不對的。太滑表示洗劑還殘留在你的肌膚表面，而太澀則表示洗淨力太強，去皮脂去得太過度了，可能會導致皮膚乾澀、泛紅，甚至會導致皮膚發炎。

化學成分在日常生活中無所不在，皮膚每天更是一定都會與清潔產品接觸。只要注意這些清潔產品停留在皮膚上的時間不要過長，不要過度洗淨、也不要追求洗後滑溜感，再認清成分，拒絕NPEO，不管你用的是沐浴乳或是肥皂，都可以安心的洗澎澎！

22 面膜一定要天天敷，再便宜都有效？

亞洲人熱愛敷面膜，台灣人更是箇中翹楚，根據統計，台灣二十歲以上的女性，每年平均敷掉十二片面膜，一年消耗掉將近一億片！其中最受歡迎的要屬平價面膜了，之前看到陸客、香港人來台灣，必掃的就是美妝店的台灣面膜：「幫我買兩箱！這牌子好用又便宜啊！」

隨著面膜越賣越便宜，朋友開始問我：「那些便宜的面膜……真的能用嗎？」有這樣的顧慮也是理所當然的。這幾年有黑心食品、黑心餐具，當然也會懷疑是否有黑心面膜。網路上甚至有KUSO的影片，就是在講大陸女生用了黑心螢光劑面膜，之後夜裡臉都會發綠光。影片當然是誇大搞笑的，但也反映了消費者心中的憂慮：會不會買到黑心面膜？要怎麼分辨呢？

判斷準則一：價格

不論是台灣本地，還是日系、韓系的「平輸水貨」，有兩個很簡單的方法來初步篩選面膜：價格和通路。

先說價格。一個單片包裝的面膜，大概是三個部分構成的：面膜布、精華液、鋁袋。如果以最低規格來計算，用最普遍的不織布，搭配最簡單的基本保濕精華液，鋁袋也是最樸素的單色印刷的話，除了材料成本，加上攪料、充填、封膜等等人工費用，一片面膜的成本，大概是在四~六塊上下。

「謝博士，還滿便宜的啊~」

這可是成本喔！如果再算上紙盒印刷、網路購物的運費、通路及品牌商的利潤的話，一片最最基本款的保濕面膜售價，不太可能低於十元；如果還要追加「美白」、「抗老」等效果，成本當然要更往上加。

如果是正派經營的廠商，每批面膜都還得加上各項送測的成本，因為要檢驗生菌數、螢光劑、重金屬。此外，其實「水質」也是一個很大的成本，有良心的廠商會使用經過過濾的逆滲透水（RO水）來調製精華液，比較沒良心的，就直接用自來水了；更惡劣甚至有聽過地下水抽上來用的。雖然不乾淨，反正防腐劑加重一點，自己不要敷就好啦！

考慮以上各項因素之後，很誠心的建議：一片十元以下的面膜，真的請各位三思啊。

準則二：通路與產品標示

購買的通路則是另一個很重要的指標。基本上，大型連鎖藥妝店、量販店等正規實體通路，都會主動要求廠商提供各項檢測報告證明品質無虞；虛擬通路來說，知名的電子商務平台也跟正規實體通路一樣，對品質有一定的要求。在這些通路上買的面膜，基本上可以安心。

但如果是網拍賣家、自營小店、個人賣家平行輸入……，這些非正規通路的話，就要小心了。並不是說這些通路賣的保養品一定有問題，而是中獎的機率的確比較高。幾年前曾有女大學生在「格子X」這種寄賣形式的小店購買專櫃品牌的特價便宜面膜，打開來要敷才發現竟然已經臭酸。媒體追查，發現這面膜是大陸仿冒的，非但不是專櫃品牌，並且根本找不出貨源——因為賣家聲稱「也是網拍上買來的」，最後求償無門。我真想問，為什麼要拿自己的皮膚開玩笑呢？省小錢購買這種連賣方是誰都不知道的面膜，還不如什麼都不要敷，對皮膚還比較好。

正常的化妝品、保養品，包裝上一定會提供製造商或是進口商的名稱和地址，也會寫出全成分表，上面提到的正規通路販賣的產品，都會符合這個標準，但網購、水貨等就很難要求了。近年常常看到平行輸入的賣家主打的面膜「韓國熱賣」、「日本最夯」，但有時卻不提供任何品牌、成分資訊，只由網路美女代言體驗、展現效果，這種的就比較可疑了。建議大家如果想購買這類型產品，還是仔細Google一下國際網頁，看看是不是真的有這個品牌？成分是什麼？真的有像賣家聲稱的在國外也很熱門嗎？不要買到了地下工廠生產的來路不明保養品。想想看，新聞中的女大生還好拿到臭酸的面膜，讓她發現不對勁沒有使用；在被踢爆之前，可能早就有幾百個其他女生已經購買、使用了這些冒牌面膜，她們敷到臉上的，到底是什麼？

平價面膜有用嗎？

以保養專業觀點，面膜只要品質安全，多數是有用的；但也別奢望一片十幾二十元的面膜，真的有很厲害、媲美精華液的高濃度有效成分。

怎麼說呢？因為片狀面膜最大的效果，就是短時間幫肌膚補充大量水分：你想想看，在敷面膜的十五～二十分鐘內，肌膚被面膜布包著，只能做一件事，就是吸收水分。而肌膚角質層只要充滿水分，自然排列整齊、散發光澤；臉上缺水的小細紋，也會因為肌膚含水量提高而淡化。所以每次剛敷完面膜，是不是都感覺自己的膚質進步不只一個等級、年輕五歲呢？

「這不是很好嗎？那就都敷面膜就好啦！」

問題就在於，如果沒有其他有效成分，只靠補充水分提高角質含水量的話，膚況的改善，來得快去得也快。大概敷完面膜的二～三小時後，就會漸漸恢復原狀了。如果希望肌膚得到更好的改善，還是得乖乖保養護膚：有效成分濃度不高的平價面膜，只能救急而已。

買太便宜的面膜，真的會有螢光臉嗎？

所謂「螢光劑面膜」其實是來自於面膜布上的螢光劑殘留。過往的確有一些不肖廠商，為了讓面膜布看起來更白，會加入螢光劑；但現在在通路要求及廠商自律的情況下，只要是正規的品牌、通路，基本上是不會有這種情況了。簡單說，重點仍是不要買來路不明的保養品。

面膜的功效，就是利用封閉式導入，短時間內補充表皮的水分與養分，因此，貼膚性越好的面膜布，導入效果就越好，但成本也隨著提高，例如生物纖維就是一種昂貴但貼膚性不錯的素材。其他材質例如凍膜、晶凍，厚敷也可以發揮跟布面膜一樣的效果，封閉表皮促進水分吸收，在購買選擇上要注意的事，跟布面膜都是一樣的。

前面故事還沒說完。朋友問「便宜面膜能用嗎？」之後，我反問：「為什麼明知它便宜得過頭，還想要買來用呢？妳就那麼相信它宣稱的功效嗎？」沒想到她的回答大出我意料之外：「因為某藝人曾經分享美容祕技，要皮膚好就要天天敷面膜。她說買便宜面膜也可以，重點是一定要天天敷。」

我的天哪！聽了這句話我頭都痛了。原來這就是大家寧願冒著買到黑心貨的危險，也要多買超便宜面膜的原因！

再說一次，面膜是救急用。如果要天天敷，導致只能負擔莫名其妙的便宜貨，妳根本不知道買了什麼東西，還不如不要敷。與其希望面膜在每天短短十～二十分鐘中間給皮膚帶來多大的神蹟，不如早晚確實清潔、保濕，保持健康的生活習慣，規律作息睡飽飽、多運動、多喝水、均衡飲食，記得防曬。千萬不要為了「每天敷」而貪小便宜，購買來路不明的面膜！

23 小花藥水不是眼睛仙丹！

「你要去日本嗎？幫我買小花眼藥水！」、「眼睛乾乾的，去藥妝店買人工淚液來點好了。」、「戴不戴隱形眼鏡，使用的人工淚液有差嗎？」每天上班盯著電腦螢幕，常常使得我們眼睛負擔太大，酸澀又乾癢，這種時候，你總會把化妝包裡的藥水、人工淚液拿出來點吧！但你知道這些東西有什麼不一樣嗎？亂點眼藥水，眼睛可是會受傷的噢！眼睛是我們的靈魂之窗，愛美的我們應該要了解眼藥水的差異。

大部分的女生去日本旅遊，必定會至藥妝店朝聖一下，除了彩妝、保養品之外，其實還有一項產品，是我一直覺得很訝異，但大家幾乎都會買的：眼藥水。尤其是那種點下去冰冰涼涼的眼藥水，幾乎每個女同事抽屜裡都有一兩瓶，三不五時就拿出來點一下，還來招我：「點點看，很提神又消血絲唷！」尤其今年日本最有名氣的冰涼眼藥水正式來台販售了，大家更是點得不亦樂乎！

但是各位美女啊，藥就是藥，都得對症下藥；如果使用不當或是過度使用，都會導致眼睛更加不適，甚至需要就醫。尤其視力在生活中角色這麼吃重，眼睛健康可大意不得。

基本上，眼藥水大概可分為三大類型：治療型眼藥水、人工淚液、功能保養型眼藥水。

治療型眼藥水

如果眼睛紅、癢、分泌物多，去看醫生的時候，開的眼藥水就是這一類。針對不同狀況，像是細菌感染、發炎，醫生也會開出對應的眼藥水來治療。請千萬牢記，不要覺得眼睛發癢，就自己當醫生，拿之前醫生開的藥水來點。一來藥不見得對症；再者若因藥品保存不當或是過期，開始腐壞，點下去對眼睛反而有傷害。所以如果眼睛不舒服，千萬記得找醫生看診，不要自己隨便點藥水！免得耽誤病情，小病變大病。

人工淚液

如果你認為，人工淚液顧名思義就是模仿眼淚成分去製造，那就大錯特錯了。眼淚在眼睛表面形成的淚膜（Tear Film），事實上包含了脂質層、淚水層、黏液層，各自有其功效。而市售的人工淚液，最簡單的只有等張溶液，單純是補水而已，沒有保持水分的功效；好一點的，會加入保濕劑跟增稠劑，讓水分在眼睛中停留久一點；更進階的，甚至做成單次包裝，不添加防腐劑。

如果覺得眼睛乾澀，我建議還是找眼科醫師看診後，讓醫生推薦適合使用的人工淚液。為什麼呢？因為眼睛乾只是症狀，不是原因，千萬不要一律推給隱形眼鏡：眼睛乾跟戴隱形眼鏡，不見得是同一件事。如果沒找出原因，只是不斷點人工淚液，出大問題就麻煩了。況且，有些人工淚液中也是有防腐劑的，點多了對角膜是有傷害的。

功能保養型眼藥水

大家最愛的冰涼眼藥水就是這一型。雖然字面上是稱作「保養」型藥水，但可千萬別真的把它當作保養品頻繁的使用在眼睛上啊！

這類型的眼藥水，除了防腐劑外，主要成分有：維生素，像是維生素B群、維生素A、維生素E；有清涼感的，通常是添加薄荷醇；此外，為了止癢或減緩過敏，有些會添加抗組織胺。大家最喜歡的「消紅眼」功能，則是加了血管收縮劑，可以讓血絲不明顯。

但是，這也是我最擔心的。

很多女生，把這類眼藥水，當作化妝、保養品在用：眼睛一紅就立即點。可是妳有沒有想過，眼睛為何有血絲呢？血絲不見得只是晚睡或是隱形眼鏡戴太久，也可能是細菌感染或是發炎。要是不分青紅皂白的點，真的出大問題怎麼辦？還有，血管收縮劑其實是有副作用的，長期使用又配戴隱形眼鏡，是會引起角膜潰瘍、缺損的，不但痛而且不方便，哪裡還談得上美觀呢？

我常講一句話：有病就要看醫生。不要覺得眼睛紅、癢、乾只是小事。如果一直不舒服，一天不點小花你就覺得眼睛乾癢、不夠「黑白分明」，那一定得去找眼科醫生，看看你眼睛到底怎麼了。

功能保養型眼藥水和人工淚液，當然有其便利性，但前提是建立在：要確認你的眼睛不是生病狀態。這就跟我對保養品持的態度是一樣的：過敏、紅癢是皮膚有病，要先找醫生，不要期待保養品可以幫你治療，只會越擦越糟。對於自己的身體，大家要注意一點，好好使用、好好保養，如果掉以輕心，小心身體罷工，那就悔不當初了！

24 為什麼用了「不致粉刺」的保養品卻還是長粉刺？

在選購粉底、洗髮精、洗面乳等個人用品的時候，有沒有發現包裝上，常以醒目的字體標示「不致粉刺」、「無礦物油」等等讓人感覺好像很安心的標語呢？究竟產品為什麼老愛這樣標示？又有哪些物質會致粉刺？今天帶大家來了解一下吧！

無油（Oil Free）

「無油」這個字眼常見於底粧產品或是乳液。當看到「無油粉底液」，好像就感覺這支粉底產品非常清爽，不黏膩不厚重；尤其是油性肌膚的女孩們，一看到「無油」或「無油光」，就兩眼發亮，完全被說服了！似乎買了這個商品，就再也不會長痘痘、生粉刺，也不會造成毛孔粗大了……

唉，事情當然不是那麼美好。事實上，這種包裝上的行銷詞彙是不受法令規範的，「無油」標示並不代表產品中真的沒有油性成分，通常只是表示產品的劑型、觸感偏水性（也就是液狀、凝膠狀等等），較清爽。產品可能真的沒有動植物油脂或蠟，但是矽靈，或是合成酯類這類觸感清爽、不黏不膩的油脂，就不見得沒有添加了。

那麼「無礦物油」呢？不知道為什麼，我很常看到宣稱「不含礦物油」的乳液或是護唇膏，好像礦物油是不好的東西一樣。可能是因為礦物油並不會被皮膚吸收，加上「礦物」兩個字的刻板印象，因此造成「阻塞毛孔」的錯覺。事實上，因為礦物油不被吸收，可以在皮膚上停留很久，防止水分散逸，所以是很好的鎖水保濕成分。被許多人奉為美膚聖品的凡士林，其實就是礦物油的一種。

「無油」或是「無礦物油」之所以吸引人，大概是因為大家錯以為「油＝青春痘」，所以「無油」好像就等於不會長痘痘了。很可惜世界沒有這麼單純，很多造成青春痘惡化的成分並不是油脂，摸起來也不油膩。

不致粉刺、不致痘

「不致粉刺」或「不致痘」這兩個標語，常見於需要塗抹在臉部皮膚的產品，比方說「不致粉刺防曬液」，聽起來很棒吧？

這依然是行銷詞彙，沒有明確的定義。目前並沒有一個科學的檢驗方法可以確認成分的「致粉刺性」，因此某個產品是否會致粉刺或是致痘，產品整體配方、成分濃度、個人體質、膚況，影響很大，單一成分的有無反而影響比較小。就算是產品包裝上的全成分表，也是沒辦法確認這件事的，只有試用才能確認。所以，別再自己騙自己，也別一直追著我問「謝博士～某某成分會不會致粉刺？」了！

我真的不知道，最多只能自己試用過後跟你說：「我是不會啦，但你我就不知道了。」

無矽靈

前陣子，電視突然廣告起「無矽靈洗髮精」，可是……怎麼都沒有人發現，洗髮精本來就很少有矽靈啊！因為矽靈的作用是「潤髮」，因此只要不是洗潤合一的洗髮精，基本上應該不會有矽靈。也就是說「無矽靈的洗髮精」就是個行銷話術，就像「無酒精的綠茶」一樣。

矽靈是一種觸感清爽的油性質，常用在潤髮乳當中。因為它可以讓頭髮的毛鱗片閉合、使頭髮柔順，效果很好。其實矽靈就像凡士林，本身不會被肌膚吸收，也不會貼附在頭髮、頭皮上天長地久洗不掉。矽靈只有在「沒沖乾淨」的時候，才會有傷害髮質或頭皮的疑慮。

因為洗潤合一的洗髮精，洗完頭髮還是滑滑的，所以大家因為沒辦法分辨到底是

「潤髮效果」的滑，還是「洗髮精沒沖乾淨」的滑，造成洗髮精殘留在頭皮上，久而久之頭皮當然會受傷。事實上，如果沒有沖洗乾淨，就算不含矽靈的洗髮精一樣會造成落髮。也就是說造成毛囊阻塞的罪魁禍首，是沖洗不當，而不是矽靈嘛！

無人工化學物質

雖然已經說過很多次了，不過我還是要不厭其煩的說：「不可能！」為什麼呢？只要是生產出來的商品，就會有使用之後生長微生物的問題，因此會需要一定劑量的防腐劑，否則長滿細菌對健康的傷害更大；就算是手工皂，也需要氫氧化鈉來進行皂化反應。就算包裝上印著「無添加」看起來好放心，事實是，產品不需符合任何原料規範也可以印這些字。無添加人工化學物質，卻還能在架上販售的商品，應該只存在夢中吧！

總之個人用品五花八門，從洗沐、保養、美妝產品，每個品項至少都有上千種選擇同時在市場上販賣，不難理解各家廠商為什麼要出盡奇招，印上各種訴求，搶奪消費者的眼球；不過這些訴求可能並沒有實質的意義，或不是完全誠實，這就要靠大家的知識與經驗去判斷了！

25 天然草本＝安全無毒？

有位好萊塢明星級造型師Chaz Dean，大約在七、八年前推出了自有洗護髮品牌「Wen」。這個品牌訴求「以天然草本萃取來潔淨頭髮」，「不含有害的硫酸鹽、化學物質」。最有特色的是它的產品被稱為「潔淨潤髮乳」，意思是不需洗髮乳，可以在潤髮的同時清潔頭髮，解決毛躁跟頭髮糾結。由於Chaz Dean受歡迎的程度幾乎就是個明星，在名人光環加持之下，他的革命性新產品大為熱銷，消費者為之瘋狂，甚至被媒體形容是一種邪教狂熱；品牌推出第二年就熱銷超過一百萬美元，至今至少銷出一千萬瓶產品。聽起來很棒吧？

到了二〇一二年左右，Wen的使用者逐漸傳出災情：有許多女性表示使用了這個潔淨潤髮乳之後發生嚴重的掉髮，有些人洗頭後的落髮可以組成一個十公分大的髮團，有些人甚至導致局部禿頭的「鬼剃頭」，還有一些落髮情形嚴重的消費者因而得了憂鬱症，連出門上街都不願意。透過社群網路，這些觸目驚心的照片和故事在輾轉流傳，受害者也組成聯盟。經過了三年以後，終於群聚超過二百位受害者對Wen提告。

這產品到底出了什麼問題

究竟這個閃亮的革命性產品，裡面含有什麼成分竟然會導致落髮呢？說實話到目前都還沒人可以確認，也沒有正式的調查報告。以我找到的全成分表看來，有兩點是很明顯可以確認的：

一、這產品跟品牌宣稱的「天然成分」差異甚大，產品中同樣添加了許多石化工業原料。再說一次，石化原料並不代表對人體有害，但廣告不實是罪證確鑿。

二、坦白說，從這「革命性新產品」的成分看來，它其實和現在市面上洗潤合一的洗髮乳沒什麼不一樣。講白話就是，別人有加的，它也沒少加，只是多加進幾種植物萃取物，宣稱草本精粹而已。

就算如此，以全成分表來看這個產品，頂多只是廣告不實，應該不至於會毒害頭皮才對。會造成這麼嚴重的掉髮事件，推測最可能的原因有兩個：

一、產品使用了工業級（而不是化妝品級）的原料，裡面的不純物，慢性傷害到頭皮組織。

二、在「天然草本」的光環下，消費者誤以為產品是完全無毒無害的，所以用量比較多，沖洗時也比較隨興，沒那麼徹底，甚至還可能說服自己這種「洗完會滑滑潤潤的感覺」，是天然植物的神奇力量！日積月累之下，殘留在頭皮上的洗髮精，終於造成頭皮的永久性傷害。

諷刺的是，事態延燒至今，品牌發言人依然強調落髮是極少數人的不良反應。他說「產品在亞馬遜上得到很高的評價」，也就是說，大部分的使用者都沒有遭遇到可怕的落髮，反而還覺得這產品相當好用。這其實也不奇怪：一罐跟其他洗髮精一樣成分的產品，本來就不該有危害——只要你有沖乾淨。那兩百多位可能因為過度相信品牌的說法，誤以為讓「天然草本無毒成分停在頭皮上滋養頭髮」的受害者，這其中的因素，絕對不是「偶然不良反應」可以帶過的。

聽起來很遙遠？台灣也有！

名人代言的革命性產品、天然訴求不含有害化學物質，結果產品有問題導致皮膚或受創……，覺得聽起來很熟悉嗎？是的，不只台灣，世界各地都不乏這樣的例子。我想這些名人絕對不是故意陷害消費者，只是，製造一個產品程序何其複雜！從配方研發、檢驗原料、生產與品管、運送與儲存有非常多細節，其中某個環節出錯，就足以讓善意變成毒藥。究竟消費者要怎麼檢視基本的產品安全？

好在台灣對於保養品的法規很清楚，合法的美容保養化妝品，包裝盒上必定會有完整全成分表。所以每次聽到「純淨天然」、「有機草本」，先別衝動，仔細看看產品包裝上有沒有全成分表？成分是否真的如廠商所宣稱？如果標榜有機，是否有拿到國際公認的有機產品認證（例如Ecosert, USDA ORGANIC, IFOAM, JAS）？如果在意有機的人，更要注意是全產品得到認證，還是只是添加一兩種得到認證的有機成分，宣稱全產品有機天然？

最重要的，「先求不傷身體，再講求效果」，一個產品安全不安全，跟它是不是「有機、天然、草本」，可以說是沒有關係。現在許多廣告訊息常常讓人誤以為「成分天然等於安全」，但其實不論使用什麼產品，安全與否都是建立在於使用的劑量和頻率，會不會對正常的細胞組織造成危害。

明星推薦商品在世界各地都是非常有效的行銷方式，因為人性就是傾向相信這些熟悉的面孔。不過就算名人再怎麼有說服力，他也不會在你掉頭髮、失去健康時自己掏腰包賠償你。想想看：就算這些美國消費者花了三、四年告倒品牌而後得到賠償，又有什麼用呢？受傷的頭皮很難恢復、掉落的頭髮再也不會長出來了。涉及自己和家人健康的事情，還是勸大家多多質疑資訊真假，用理性邏輯分辨，才能真的保護自己。

26 別輕易相信「植物染」很安全，只要是染髮劑都很毒！

美容美髮行業的潮流新品層出不窮，愛美的女生一定有注意到，這兩年秋冬吹起的「彩虹染」風潮。我們公司的女同事們總是在轉貼這些美麗的照片，真是柔美夢幻又耀眼！全辦公室的女生都躍躍欲試，想要改頭換面，來款新髮色！

問題就來啦，她們說：「老闆啊，聽說染髮不太好？聽說染髮劑裡面的化學物質很傷身？是傷腎還是傷肝？那現在市面上的『純植物染』染髮劑應該是很天然健康的了吧？」

我只好回答：「呃……科學在進步，很多用品的確都可以做得更加溫和不刺激了；不過很抱歉，染髮劑並不是其中之一。」

是的，染髮除了讓妳心情變好增加小確幸正能量外，任何永久性的染髮劑對皮膚、頭髮都不可能只有好處沒有壞處的。先講結論吧！第一，純植物染髮劑不可能給妳這種彩虹般的效果，也不可能熬過一個月不褪色；第二，就算是純植物染，也不是每個人都不會過敏。

染髮劑裡的藥劑，是怎麼讓顏色附在頭髮上的？

大家都在潤髮乳廣告上看過頭髮的剖面圖吧？我們頭髮的表面有一片片的鱗片覆蓋著，鱗片之下是「皮質層」，再往內是「髓質層」。染料一定要想辦法鑽過鱗片層，才不會被水沖一次就馬上洗掉；而頭髮上的鱗片在酸性環境下會緊閉，鹼性環境下則會張開，所以染髮劑要突破鱗片，就有幾種方法：

一劑型染髮劑（半持久性染髮）

用鹼性藥劑讓鱗片張開，讓染劑滲入皮質層，或是用酸性小分子的染料穿透鱗片，停留在皮質層。

不過這種單一劑型的染料，都不會和頭髮裡原本的色素粒子（麥拉寧）結合，因此附著力較弱，撐過兩三周，或是洗頭七、八次就非常厲害了。所以現在沙龍使用的染髮劑、市售的ＤＩＹ染髮劑多半都是「二劑型」：

二劑型染髮劑（永久性染髮）

在第一劑中含有阿摩尼亞、染劑的中間體（例如PPD）。阿摩尼亞的鹼性先讓鱗片打開，讓染料的中間體滲入頭髮，第二劑中的雙氧水再來漂白原本髮色、並進行氧化使染料顯色，且與頭髮中本來的色素粒子結合。因為本來的髮色被雙氧水褪色、染劑又深入皮質層跟頭髮本身的色素粒子結合，所以除非長出新頭髮，否則永久性染髮不容易掉色，質感也最自然，在市場上大受歡迎。

就算不含PPD，也有他兄弟

如果你聽過「常染髮對腎不好！」，兇手就是上面提到的「PPD」對苯二胺。對苯二胺已經證實易對腎臟產生影響，可以經過頭皮毛囊吸收，進入血液循環，到腎臟透過尿液排出而增加腎臟負擔，因此不建議使用含有PPD的產品。

廠商也明白PPD人人喊打的處境，於是現在各種染髮劑都會標示「不含PPD」。不過很遺憾的，就算不加PPD，染髮劑也需要其他與PPD功能相似的成分才能達到顯色的目的，像是resorcinol（2-nitro-p-phenylenediamine）、DOPA（dihydroxyphenylalanin）；而這些成分結構都跟PPD很相似，也有致過敏的風險。簡單說，只要是永久性染髮，就可能有過敏、頭皮癢的副作用。

「那我用植物染髮劑，就很健康吧？」

所謂「植物染」又是什麼呢？

常見用於染髮的植物染料有Henna（海娜，又名「指甲花」）、indigo（來自木藍的靛藍黑色染料）、咖啡或茶。其中指甲花就含有指甲花醌（lawsone），和人身上的蛋白質親和性佳，因此可以附著在頭髮和皮膚上。印度的女性常用指甲花在手腳繪上美麗的圖案，可以維持兩週，就是這個原因。

不過，使用百分百的天然植物染料來染髮是不可能持久的。由於並沒有撐開頭髮的鱗片，染料只會附著在鱗片外面，再怎樣也撐不過多次的洗髮，最多兩三周就會褪色、明顯NG了。一般市面上的「植物染」產品如果效果可以撐幾個月，代表這些染髮產品還是添加了阿摩尼亞、雙氧水來把頭髮鱗片撐開，並把原來髮色漂白。也就是說，就算使用植物染料，產品為了達到持久效果，仍然不是百分百天然；所以使用植物性染髮劑過敏的機率或許較小，但是並非就不會過敏。

再者，植物染可能的顏色就是這三種：紅棕色（指甲花）、深褐色（咖啡或茶）、藍黑色（indigo）。沒辦法，來自天然的染料，就是只有這麼樸實的顏色。如果你買的染髮劑有像棉花糖或是馬卡龍般夢幻甜美的顏色，卻還標示「天然植物染劑」的話，嗯，相信我，它絕對只是「有添加天然植物」，而不是「純天然」，別幻想了！

染髮本來就不「天然」

講到這邊，相信大家已經了解染髮根本就是一件「強迫頭髮改變原本性質」的事，本來就一點都不天然。所以如果沒有什麼急迫需要、又喜歡自然健康的生活的人，與其為了心安追求植物染，不如根本不要染髮就好了。如果你年輕力壯，皮膚又很強健不易過敏，偶爾染髮換換心情也是無所謂；但如果你對健康很注重，就真的不建議長期持續染髮，以免對身體造成傷害。有遮蓋白髮需要的人，比起使用號稱「純天然」的永久染劑（通常依然有添加固色劑），或許可以考慮像化妝一樣暫時性的染膏，雖然顏色不持久，但也最讓人安心。

天下沒有白吃的午餐，染髮其實也是有異曲同工之妙：違反天然，必然得付出代價的，別再相信天底下會有「鮮豔持久不掉色、天然無毒不傷身」的染髮劑了。

27 泡泡染輕盈又迅速，所以比較不傷身？

有讀者在粉絲頁寫信給我：老一輩總是說染髮傷身體，到底是怎麼個傷法？大家都在染頭髮，難道化學產業沒有發明出不傷身體的染髮劑嗎？如果有，要怎麼分辨不傷身體的染髮劑？

染髮，簡單說，就是讓染料附著在頭髮上藉以上色。不過這個上色，指的絕對不像baby拿枝筆在牆壁上塗鴉那麼簡單。前一篇已談到染髮的種種，雖然使用植物性染髮劑過敏的機率或許較小，但是並非就不會過敏。

泡泡染好方便

日本來的泡泡染吸引很多年輕女生，覺得使用上很方便。但是，你有沒有想過，為什麼去沙龍要塗抹厚厚一層染髮劑才能顯色，而泡泡染只需要薄薄的泡沫就可以做到一樣的效果呢？

泡泡染也是一種兩劑混合的染髮，所以原理跟一般兩劑混合的永久性染髮一樣，都是能「把鱗片撐開，先把原來的髮色漂白，再讓染料進入頭髮深處」，而且為了染劑輕盈不滴落，特地將染劑做成泡沫狀。泡沫能接觸到頭髮的面積比直接塗抹的染劑小得多，所以一般來說，泡泡染的藥劑的分量需要下得比較重，才能達到輕鬆染髮的目的。記得，別小看了這些泡泡，一樣要戴手套、做好頭皮隔離才安全。

我該怎麼保護我的頭皮呢？

其實很簡單，「不要讓染髮劑沾到頭皮」：

一、染髮前兩天別洗頭，讓累積的皮脂膜幫忙保護頭髮。
二、染髮前，用凡士林塗抹頭髮跟皮膚的交界處，保護頭皮不被染髮劑沾到。
三、過程中一定要戴手套。
四、洗完用溫水沖到沒有殘留為止。

我該怎麼選擇安全的染髮劑呢？

只看廠商宣稱是不夠的。你信不信，很多包裝上寫著「一〇〇%純植物」、「不含PPD」的染髮劑，事實上都有加PPD？

那該怎麼辨呢？其實很簡單。依照台灣的法規，染髮劑跟防曬產品一樣，是一種「含藥化妝品」，必須取得核准字號才能銷售。而且不同顏色，核准字號都會不一樣。因為使用的染料成分不同，就要申請一個衛生署核准字號，才能販售。進口品牌是申請「衛署妝『輸』第ＸＸＸ號」，國內品牌必須申請「衛署妝『製』第ＸＸＸ號」。購買之前可以到這個衛福部食品藥物管理署的網址，輸入包裝上的許可證字號，或是申請商、製造商的名稱查查看，如果查不到，或是多個顏色用同一個字號，甚至是包裝上根本沒寫核准字號，那……你還敢買來用嗎？

總而言之，染髮，尤其是兩劑型的永久性染髮，是必然會傷害髮質，也一定會有過敏風險。所以注重防護、選擇適合的染髮產品，控制染髮的頻率，都是保護自己的方法。在享受多變亮麗髮色的同時，千萬記得好好保護妳的秀髮跟頭皮喔。

28 保養品濃度越高，越傷皮膚？

大部分朋友問我的問題，都是XXX可不可以吃啦、○○○天天用會不會有危險啊……我想可能很多人都忘了，我的本業其實是做保養品啊！這天一個朋友終於問了我一個跟保養相關的問題：「聽說保養品濃度越高反而越傷皮膚，這是真的嗎？」

雖然不知道這說法到底是怎麼來的，不過保養品的濃度到底是越高越好，還是越高越糟，我們就來了解一下吧！

保養品的「有效成分」

當我們說「保養品的濃度」，其實指的是保養品中「有效成分的濃度」。有效成分就是保養品中真正能達到宣稱功效的成分，比方說一個主打保濕的產品，一般來說有效成分就會是玻尿酸；如果是美白產品，主要發揮美白效果的，就會是左旋C、熊果素、傳明酸等美白成分；抗痘產品，大部分會是水楊酸；抗老產品常出現的則是多胜肽、抗氧化劑（Q10、維他命E）等有效成分。

而一個產品是否能有效達成它宣稱的功效，當然跟有效成分的濃度很有關係。不過，實際濃度在全成分表上面是看不出來的，因為全成分表通常只能告訴我們各成分的「濃度高低順序」，而不會標示各成分的「濃度百分比」。大部分化妝水、乳液等保養品，排在全成分表第一位的應該都是「AQUA」，或者寫作Water，其實就是水。

那有效成分的排序一定會在前面幾位嗎？其實不一定。因為有效成分要達到功效的濃度，不見得很高。反倒是水分、油脂、多元醇等等構成保養品主要劑型的成分，濃度通常都比有效成分來得高。

也就是說，光看它在成分表上的排序位置，其實意義不大。曾經看到消費者在美妝論壇質疑他牌產品：「主打抗痘的水楊酸乳液，結果水楊酸卻被打在成分表的後段，這一定是偷工減料！」這其實是不正確的觀念，因為水楊酸在乳液這種長期接觸肌膚的劑型中，〇．二～〇．五%就很足夠了，按濃度順序排，一定很後面。要是真的有個抗痘產品，水楊酸在全成分表排在第一位，那只有兩種可能：要嘛他沒按濃度高低排，要嘛擦上臉會嚴重灼傷。水楊酸的限量是二%，二%以上就有可能引起不適，如果一支抗痘產品中的水楊酸真的比水多，那千萬別往臉上擦，你一定會後悔。

濃度多高才「有效」？

保養品的有效成分濃度其實是一個範圍，而不是一個值。任何成分如果濃度太低，說穿了有加跟沒加一樣，但是濃度太高，皮膚吸收不了也沒有意義。更何況有一些成分，濃度太高反而容易導致副作用。果酸類就是最常見的例子：濃度適中，效果很好；若求好心切，濃度過高或使用過度，絕對會造成副作用。之前有好幾則新聞關於果酸換膚導致灼傷，就是濃度太高、在皮膚上停留太久，或是未遵照使用建議過度使用所導致。

這幾年市場上濃度過高，對皮膚根本沒有幫助的例子，最明顯的就是杏仁酸了。不少品牌競相標榜自己的杏仁酸最多最濃，從五％一路比到超過二〇％。殊不知政府有規定，果酸類產品，pH值最低（最酸）只能到三．五，而二〇％的杏仁酸pH值要過關，就必須加入大量的鹼去中和。杏仁酸被中和之後，加再多也沒什麼作用，徒然讓產品變得更黏、味道更怪、價格更貴而已。這恐怕也是在台灣消費者不求甚解、一昧求高濃度的心態下，才會讓廠商出此下策吧！

杏仁酸濃度過高，只是無用，倒還沒什麼，另一個蓄意欺騙的例子，就比較可議了。玻尿酸是最有效、也是最常見的保濕成分。一〇〇％玻尿酸是白色粉末，溶在水中濃度只要超過一％，就已經很黏很稠，幾乎抹不開了。過高濃度的玻尿酸擦在臉上也不適合：因為玻尿酸本身會吸水，如果濃度過高，擦在臉上不但無法保濕，還反倒把皮膚原有的水分吸出來。所以正常情況下，不可能有任何廠商有辦法在精華液中加入超過一％的玻尿酸。

「那市面上很多標榜一〇〇％、五〇％的玻尿酸乳液精華液是怎麼來的？」

可能性只有兩個：第一，在「一〇〇％玻尿酸」下面印一行小到不能再小的字註明：「本產品使用〇．一％純玻尿酸水溶液，不再加水稀釋」，這算是取巧。第二種就更直接，擺明就是說謊，被質問的話再說「那是行銷文字啦！別認真～」，搞得老老實實標明濃度的廠商，反而被質疑：「只加不到一％還敢說自己好，別人都一〇〇％耶！」真是哭笑不得。

總之要提醒大家，不管是要保濕、美白、抗痘、抗老，都不需要一味追求高濃度，好像濃度越高ＣＰ值越好。因為濃度太高，對你的皮膚不見得好；再者，那些會在包裝廣告大肆吹噓濃度多高的廠商，如果所標示的濃度根本是做不到、或是不可能用在臉上的濃度，不正代表了他們自己不專業，都不知道自己在寫什麼嗎？

29 「洗沐合一」、「洗潤合一」會有什麼問題？

聽辦公室的小朋友聊天，赫然發現男生愛用的「洗沐合一」（洗髮＋沐浴）沐浴乳，竟然被女生唾棄、嫌惡得一文不值：「哎額～好不衛生喔！到底為什麼要那麼懶惰，洗頭洗澡就分開洗是會花多少時間？」

男生們則反擊：「你們女生洗髮潤髮二合一的洗髮精不是也一樣，一邊把油洗掉又用油抹頭，這才洗不乾淨吧！」

到底洗沐合一、洗潤合一這種「功能二合一」的清潔用品效果如何呢？有沒有什麼一般人不知道的隱憂呢？

先說說「洗髮沐浴二合一」吧！

「洗沐合一」這種產品最早是出現在男性用品市場，雖然女生們不懂「為什麼這麼懶」，殊不知男生頭髮短，為了那一點點毛特地挑選一罐洗髮乳實在是滿煩人的；更別說如果是每天打球、常運動的男生，當然是追求清潔步驟越簡化越好啊！洗沐合一就應運而生了。

但是，洗頭跟洗澡，有什麼不同的需求呢？其實我們說的「洗頭髮」，比起洗淨頭髮，更重要的其實是洗淨頭皮。女生大部分的情況下，頭皮都比身體容易出油；所以洗髮精拿來洗身體，可能會有洗淨力過強，使皮膚乾癢的狀況。再加上不少標榜「洗潤合一」的洗髮精，其實「潤」的部分，身體是不需要的。所以對於女生來說，洗沐合一真的不是好選擇。

但對於男生來說就不一樣了。男生頭髮短，通常不用潤髮，再加上男生身體出油、出汗量也大，沐浴產品也需要足夠的清潔力，所以一瓶從頭洗到腳的「洗沐合一」的產品是合理且方便的：就是把身體跟頭皮都洗乾淨。

其實還有一個族群也是可以「洗沐合一」的，那就是嬰幼兒。剛出生的小嬰兒頭髮不多、頭皮也不怎麼出油，身體也不至於很髒，所以洗頭、洗身體用同一罐就很合理。這就是為什麼「嬰兒洗髮精」通常都可以充當嬰兒沐浴乳，因為它就是清潔力非常溫和的產品。這跟市面上製作給男性專用的「洗沐合一」產品恰恰相反：針對運動量大、頭皮身體都易出油，兩邊都需要強力清潔的人。

總而言之，如果你自覺頭皮和身體的清潔需求差不多，那麼使用同一款清潔產品的確無妨；如果不是，還是分開選購適合的產品吧！

在討論「洗潤合一」之前，先了解「潤髮」是什麼？

有人以為「潤髮乳」就是把油抹到髮絲上，其實不是的。任何潤髮產品，包含潤絲精、潤髮乳、髮膜，都是為了讓髮絲更「光滑柔順」，也就是：使頭髮的毛鱗片閉合，或防止頭髮間產生靜電，避免毛躁。為了達成這兩種效果，潤髮產品會使用的方法大致上有：一、平衡pH值，二、添加陽離子介面活性劑，或是三、添加矽靈。

一、是因為頭髮跟皮膚一樣，在弱酸性pH5.5的情況下最自然，頭髮的毛鱗片跟肌膚的角質也會排列的最整齊。所以潤髮產品第一件要做到的，就是讓頭髮回到弱酸性pH5.5。

二、「陽離子界面活性劑」則是潤髮乳裡真正讓頭髮滑順的成分：因為陽離子界面活性劑帶電的一端會吸附在頭髮表面，另一端不帶電的疏水基會朝外，所以頭髮與頭髮間就不會因為靜電互相吸引，也就可以摸起來滑滑、不糾結了。

三、「矽靈」則是讓頭髮表面均勻的蓋上一層薄膜，也是一種潤髮的好方法。

「什麼？矽靈不就是會傷害頭皮的成分！無良商人賺黑心錢殘害頭皮@#$%^&*」

矽靈也是一種被污名化的很嚴重的成分。其實矽靈就像凡士林，本身不會被肌膚吸收，也不會貼附在頭髮、頭皮上天長地久洗不掉。矽靈之所以有傷害髮質、頭皮的疑慮，一切都是因為：「沒沖乾淨」。因為洗潤合一的洗髮精，洗完頭髮還是滑滑的，所以大家因為沒辦法分辨到底是「潤髮效果」的滑，還是「洗髮精沒沖乾淨」的滑，造成洗髮精殘留在頭皮上，久而久之頭皮當然會受傷。要分辨有沒有沖洗乾淨，其實也不難：只要沖到搓揉沒有泡沫，就是沖乾淨了。

那到底「洗潤合一」可以用嗎？

如果每次洗頭都能沖乾淨，不殘留的話，使用洗潤合一的產品其實沒有什麼不好的。不過洗頭不像洗臉，因為有許多頭髮覆蓋在頭皮上，所以請務必確認，真的把洗髮精都沖乾淨了。

相對的，若將洗潤分開，先把頭皮清潔乾淨，再用有柔潤效果的洗髮乳覆蓋髮絲，不要接觸頭皮，就比較不會有頭皮沒沖乾淨的情況發生。如果對自己沖洗頭髮沒有信心的人，就辛苦點，分洗髮、潤髮兩階段吧！

30 手工皂＝純天然？誤會大了

一位讀者寫信給我：「博士，網路上教人自製手工皂會放起泡劑，請問這個安全嗎？」

「起泡劑的名稱是『椰子油起泡劑』，所以是椰子天然萃取的吧？」

看來應該是位喜歡做手工皂的朋友，對原料的來源產生疑惑。真相到底如何呢？

起泡劑是什麼？它是天然的嗎？

在做手工皂、自製清潔劑時，常會用到「起泡劑」，大部分標示都會寫「椰子油起泡劑」。但「椰子油起泡劑」絕對不是你想像中直接從椰子萃取出來的、「天然、純淨、非人造」，而是不折不扣的合成物質。

先別急著大叫，事實上手工皂自製清潔劑中，需要加入的人工合成物質，並不只有起泡劑一項而已。

在化工行買得到，用來加入手工皂、洗髮精，或是皂液中的起泡劑，其實就是界面活性劑。可能是因為「界面活性劑」已經被污名化到不行，彷彿一沾到就會從皮膚爛進骨頭裡，才會改用比較中性的「起泡劑」來稱呼吧。

至於椰子油起泡劑（CAPB, Cocamidopropyl betaine，椰油醯胺丙基甜菜鹼），則是最常見的一種起泡劑，是由椰油醯胺（Cocamide）與甜菜鹼（TMG, Trimethylglycine）結合而成。這也是它名稱的由來：Cocamide是從椰子油中來的。

「所以它是純天然的吧？」

製造椰子油起泡劑的實際製程上，是由二甲基氨基丙胺（Dimethyl Aminopropylamine, DMAPA）、一氯乙酸（Chloroacetic acid），以及月桂酸（Lauric Acid）反應而成，月桂酸或許是天然來源，但椰子油起泡劑絕絕對對是一種人工合成的物質。

「人工合成！有毒！不能用！」

千萬別誤會了，椰子油起泡劑沒有什麼不好，人工合成也沒什麼不好，但明明不是天然的東西，硬要說成是「天然來源、一〇〇%天然椰子油萃取」，就相當相當不好了。

既然不天然，為什麼手做清潔液要加入起泡劑？

其實加入起泡劑的原因，就是要達到清潔力；換句話說，若不加起泡劑，這些配方的清潔效果會差很多。網路上有很多手做清潔劑的配方，「檸檬蔬果清潔劑」、「檸檬清潔劑」，一直強調用檸檬多天然多好，但是一看配方，主要清潔力來源其實還是椰子油起泡劑。這跟市售的清潔劑配方，根本就沒什麼差異，一樣都是用人工合成的界面活性劑，難道不是故意誤導大眾嗎？

我想強調的是，法規規定可使用的界面活性劑，基本上都沒有太大的危害。界面活性劑之所以會被污名化成這樣，主要是因為其中一種「壬基苯酚類界面活性劑」（NPEO，壬基酚聚乙氧基醚醇），在自然界中分解後的殘留物壬基苯酚（NP，也稱壬基酚），是一種環境荷爾蒙，的確會對生態造成破壞及影響。這種物質在家用清潔劑中已經禁用。除此之外，界面活性劑算是安全的。

不求甚解的「逢界面活性劑必反」，因此用著自以為「天然、純淨、有機、非人造」的「椰子油起泡劑」，但事實上根本就是人工合成的界面活性劑。這樣自欺欺人的結果，是你要的嗎？

「純天然」手工肥皂當中的謊言

手工皂可說是這十年來新興的手工藝活動，不只好玩，成品又香又美，還很實用，當作興趣真是太理想了。不過如果是為了追求「純天然」、「不含化學物質」而DIY、購買手工皂，那可能要失望了。就算是「手工皂」，也不可能不用到人工合成的化學物質。

必要的添加物：氫氧化鈉

不論是手工皂還是工廠做的皂，都要經過「皂化」這種化學反應，才可能把粘膩的油脂原料變成可以清洗髒污的皂。「皂化」要怎麼發生呢？就是把油脂和鹼共同加熱。雖然古早的從前，阿媽做皂是拿草灰當作鹼（裡面有天然的「草鹼」，也就是碳酸鉀K2CO3），但是以現在的生活狀況，恐怕不容易找到那麼多稻草燒成灰。所以實務上都是使用「氫氧化鈉」來做肥皂。你能從材料行買到的氫氧化鈉，一定是人工合成的。

非必要但常見的添加物：防腐劑、增稠劑

手工皂或是自製皂液需要添加防腐劑嗎？我其實認為不需要——如果做好之後，很快就把成品用完的話。因為在製作手工皂或皂液的過程當中，所有的材料都會經過煮沸，基本上已經殺菌了。做好之後密封保存，或是立刻用掉的話，就算不加防腐劑也不至於有什麼風險；不過如果自製肥皂的時候，皂化不完全，導致成品當中留有沒有皂化

的油脂，或是沒有密封保存，那就有發霉劣化的可能了。

雖然自己做皂不需要加防腐劑，不過市售的液體洗劑通常還是會添加防腐劑：因為廠商不知道你買回去之後開封多久才用？用多久才用完？為了防止極端情況，市售的「液體手工皂」適量添加抗菌劑，是可以理解的。

「增稠劑」就是一個真的沒必要的添加物了。常見的增稠劑有三仙膠、乙基纖維素、椰子油增稠劑……但不管是哪一個，都是經過人工合成的。如果追求天然，為何要增稠液體皂呢？

天然甘油和人工甘油，根本是一模一樣的來源

有些手工皂標榜「手工皂中的甘油，是皂化反應自然產生的天然甘油，跟人工合成的甘油不一樣，不會讓肌膚過敏」。看到這句話，我真的會無言。你知道所謂的「人工甘油」，是怎麼製造出來的嗎？正是「皂化反應」後的產物分離出來的。所以世界上所有的甘油，都是「皂化反應自然產生的天然甘油」。

難道手工皂一無是處嗎？

「博士，手工皂既有防腐劑，也有化學物……你這樣說的意思，難道自己做的手工皂一點點好處都沒有嗎？」

千萬別誤會。坦白說，不論是手工皂或是市售的肥皂，絕大部分的成分都是相同的。不過，自己做手工皂，因為原料是自己挑選、購買，所以對品質的控管是比較好的：橄欖皂就是用真的橄欖油、母奶皂就是用真的母奶，你可以確定原料沒有腐敗也沒有摻水，更不是「掛羊頭賣狗肉」的假添加。這才是手工皂的最大意義，而不是那些虛假的、口號式的「純天然」、「純植物」、「無人工合成物質」。

不需迷信「天然草本」，因為你的目的是健康

追求更好的品質固然很棒，不過近幾年來，「天然」逐漸變成一種流行、一種行銷風潮，好像任何東西加了「草本精華」就變天然了、品名前面冠上「有機」就變環保了——但真相往往不是這樣。

請認真想想：對你而言，追求天然、有機、草本，背後的目的到底是什麼呢？我想，應該是為了自己和家人健康吧！而事實上，只要合乎法規、標示清楚、價格合理不過低的產品，都可以達到清潔、保養等功效，就算其中有添加部分人工合成物質，也不至於有害身體健康。知道自己買的東西內容和成分是什麼，花點時間去了解它們對健康

是否有影響，絕對是划算的投資；一味追求包裝上寫的「純天然」「草本精華」，反而是本末倒置的行為呢！

31 用水晶肥皂洗頭洗臉真的沒問題嗎？

手工皂珍貴之處，是在於原料可以自行把關，但是號稱「完全未使用化學原料」的手工皂，幾乎都是誇大不實：因為除非用草木灰取代氫氧化鈉，否則根本不可能。隨之而來的就是讀者詢問哪牌子的肥皂好？哪些「手工液體皂」有加起泡劑？其中有個問題特別引起我的目光：「『水晶肥皂』真的那麼天然那麼好嗎？」

水晶肥皂有多神？

討論保健養生的電視節目裡，好些達人都鼓勵使用水晶肥皂，原因包括：這是古早流傳下來的「阿嬤的智慧」、無毒又天然、沒有添加物、不傷手等等。在網路上搜尋一下也可以找到很多討論，除了拿來洗衣服洗碗，也有人用來洗頭洗身體，甚至是洗臉、洗菜。到底是什麼神奇的原料讓它這麼多功能多用途，然後最重要的是，用它來洗頭洗臉真的沒問題嗎？

水晶肥皂，說穿了就是毫無添加物的肥皂。水晶肥皂製程跟其他肥皂沒什麼不同，一樣是用動植物油，加入氫氧化鈉加熱進行皂化反應之後，利用鹽析去除甘油、冷卻乾燥成形，成為一塊塊的水晶肥皂。沒有添加色素、應該也沒有添加香料。所以它的顏色不算好看、也沒有一般清潔品的香味。

「毫無添加物，那不就最棒了嗎？」我能想像有些人會眼睛發亮得這麼說。話也不能這麼說。無添加物當然好，不過適不適合拿來洗臉洗頭洗身體，就是另一回事了。

水晶肥皂就是很單純的皂，pH值是在9～10之間。就像所有皂化度高，偏鹼性，甘油或油脂含量低的肥皂一樣：它的洗淨力、去油力比較強。我們常用洗完會「澀澀的」、「毛孔會呼吸」來描述這個現象。如果拿來洗衣服、清潔廚房油垢，當然是很好用；不過拿來洗頭洗澡洗身體，就要先確認一件事：你的皮膚受得了嗎？

對於油性肌膚、運動量大、頭皮容易出油的人來說，用水晶肥皂清潔身體的確是好用；但如果本來就是乾性肌膚、皮脂分泌量已經不夠了，那就不建議使用水晶肥皂了：因為適度的皮脂，才能確保肌膚健康。過度去油，很容易讓肌膚因為沒有足夠的皮脂潤澤，落入敏感不適的狀況。

但是有人用水晶肥皂洗臉洗了十年，皮膚都好好的？

每個人的皮膚出油量不同，所以需要的洗淨力也大不相同。很難有一瓶可以適用所有膚質的清潔產品。有的人的臉、頭皮天生容易出油，就適合用洗淨力比較強的清潔用品，水晶肥皂會是個不錯的選擇；若是皮膚比較乾燥、敏感的人，就不建議使用這麼強力的清潔產品了：一來會讓皮膚被帶走太多油脂；再來，肌膚可能連正常的pH 5.5，都沒辦法自己調回來，只會讓肌膚更快顯現老化徵兆而已。

此外，使用頻率也很重要。清潔力高的產品，一週使用個二～三次就很足夠了。如果不是肌膚出油量真的很大的人，不建議天天都用清潔力過高的產品，以免清潔過度，反而傷害肌膚。

每次講到水晶肥皂，總是會有正反兩面激烈的討論。我相信的確有人使用它，讓皮膚狀況獲得改善；但以化妝品製備的專業角度而言，水晶肥皂並不是適合每個人的。此外，不知道大家有沒有注意：水晶肥皂的外包裝上，是沒有標示出全成分的：因為水晶肥皂本來就不是人體用清潔品，主要用途是洗滌衣物、織品，所以不受化粧品標示法的管轄，不需標註「全成分」。生產水晶肥皂的廠商，在網站的同一個頁面上，其實也另有販售清潔身體用的肥皂。

總之，用在身體上的用品可不是「一樣米養百樣人」，每個人的肌膚狀況不同、清潔需求也不同，要衡量自己狀況，選擇適合產品，千萬別人云亦云，萬一不適合自己，造成肌膚傷害，可就划不來了。

32 SK×頂級保養品反而傷皮膚？

我每次寫新文章，都會問問身邊女性朋友的意見做為參考；之前在寫作「保養品濃度越高越傷皮膚？」的時候，也調查了一下公司女同事有沒有聽過類似的說法。就有個女生分享：「售貨小姐有說啊：『妳這種年輕妹妹，不能去用那些專櫃品牌，那些給老人用的保養品會讓妳肌膚變老！』」

我驚訝的問：「這售貨小姐有解釋原因嗎？」

她也不是很了解，困惑的說：「好像是……效果太強，年輕皮膚受不了會變老……大概是這樣吧……」

我聽了不禁莞爾，可是現場竟然有兩三個女同事也聽過這套說法，而且還深信不疑！讓我覺得自己雖然懂得保養品研發，但對於面銷保養品的「話術」，也太不了解了！所以，今天就蒐集了幾則「銷售人員經典話術」跟大家分享。這些「有趣」的推銷內容，妳聽過幾個呢？

「年輕的皮膚不要用老牌」

「小姐妳這麼年輕，不要去買什麼雅ＸＸ黛、SKX……那些保養品是給老人用的，作用很強，會害妳的皮膚老化！我們這種是針對年輕肌膚的保養品，妳試試看……」

這真的是毫無根據的說法，不過傳著傳著，久了也就有一些人會相信。

熟齡肌跟年輕肌對護膚保養品的需求的確有點不一樣。大致上來說，年輕肌膚皮脂分泌量比較高，所以比較適合清爽、油分含量低的產品；而熟齡肌因為油分逐漸減少，所以油性成分高、比較滋潤的產品較受青睞，所以這兩種產品用起來感受當然很不一樣。太油的產品有可能會引起痘痘，但是絕對不會因為油分含量比較高，讓肌膚老化。此外，不管年輕或是熟齡，如果你是乾性肌膚，我也會建議可以選用比較滋潤的產品適當補充油分。

除了油分高低之外，熟齡產品的「有效成分」可能也是造成誤會的原因之一。抗氧化、抗皺、促進活化新生……。這些是熟齡肌保養最常見的訴求。這些成分的功效都是「抗老」，對年輕肌膚來說，雖然不見得需要，但也不至於會讓肌膚老化。所以下次靠櫃時，記得不要以品牌的「年輕／熟齡」做為判斷依據，而是要親身試用後，選擇真的適合自己膚質的產品。

「XXX用久了，皮膚會變薄」

「某某產品用了皮膚會變薄」這個迷思，原本是來自知名女星的一句話，不過後來在網路上一直被重複討論；還真的有人回應：「的確，我用這個持續了兩年，皮膚真的變薄了！好可怕！」

先說重點，皮膚是不大可能因為你擦了什麼保養品就變「薄」的。去角質或酸類產品，會幫助肌膚去除老廢角質。我想這可能就是會有所謂的「肌膚變薄」說法的起因吧！

平常沒有去角質習慣的人，第一次接觸去角質產品都會相當驚豔：「哇！好神奇，我的皮膚瞬間變白變嫩，也不會粗粗的耶！太棒了，我一定要天天使用這個產品！」

拜託，千萬不要啊！老廢角質堆積在皮膚表面，當然會造成膚色看起來黯沉、粗糙不平，所以去角質效果最顯著的一次，就是很久沒做去角質之後的第一次。並不會因為你天天去角質，皮膚就會更白更嫩：因為根本沒那麼多角質需要去除。所謂「去角質」，是要去除堆積的老廢角質，一般建議一週一次到兩週一次就好。如果因為求好心切，過度使用，傷害到正常的角質層，那皮膚當然會比較敏感、比較不舒服，很多人就會怪罪產品「讓肌膚變薄」了。這可不是產品的錯，而是使用過度造成的。不了解產品特性，過度使用，怎麼能怪產品「害人皮膚變薄」呢？

「代謝過度」也是一樣的狀況。果酸、杏仁酸或其他含酸類產品，可以促進肌膚更新，適度使用效果真的很棒，能讓肌膚明亮、有光彩。但如果不按照建議頻率，求好心切，過度使用，造成肌膚代謝過度，當然也會敏感不適。同樣的，這並不是產品讓肌膚變薄，而是自己使用習慣造成的。

「保養品一定要用整套，才能達到效果」

在有配置保養品銷售人員的地方，很常聽到類似的話：「用我們家的眼霜，最好也要搭配同系列的乳液、化妝水，效果才最好，混搭會傷皮膚！」大概所有買過保養品的人都聽過吧！

這個說法，也是沒什麼道理。同一個系列的保養品，通常都會針對同一種膚質設計。所以，都選用同一品牌同一系列的，其實也算省事：乳霜用起來夠滋潤，化妝水跟精華液大概也不會差太多。但是如果你願意花時間去一一試用，其實不同品牌保養品的搭配，效果也不會差，一定可以挑到適合你膚質的產品。況且，挑不好頂多是不適合，不可能有「混搭傷肌膚」這種事。說穿了，那只是銷售人員為了增加業績的說辭而已，真的沒什麼道理。

以前沒有網路沒有這麼方便，大家購買保養品、化妝品，資訊幾乎完全來自櫃姐或銷售人員。櫃姐長時間接觸保養品，當然有比較充沛的相關經驗與知識；不過她們也是人，為了業績著想，就可能會說出一些似是而非的「原因」，讓人因為害怕「皮膚變薄」、「變老」而掏出腰包買單。你會發現，上面舉的這幾個例子，乍聽之下都好像有點道理，但是仔細一想又讓人覺得似懂非懂，充滿疑惑。好在現在網路發達，如果再聽到銷售人員說出你不太理解的話，趕快上網查一查吧！別再被恐嚇了！

33 防水、不掉色、天然無害的唇染膜

純天然？安全無虞？市面上充斥各式各樣的化妝品，標榜天然、有機，但真相真的是如此嗎？各種鮮豔的顏色、芳香的氣味，真的有辦法是純天然？有在化妝的朋友們，千萬不要輕易被騙了，許多化學合成的成分，可能都會在你不注意的時候傷害到你的身體，現在一起來打破迷思！

愛美是人的天性，各種新奇的彩妝品總是層出不窮。近年因為韓劇的推波助瀾，開始流行起鮮豔的韓式唇妝；還有好多女性朋友都跑去買了千頌伊指定唇彩色！漸漸的，許多女生都覺得沒有擦唇妝就很沒有精神，嘴唇的妝點顯然也已經不可或缺，一時之間，「美豔紅唇」，成為了彩妝的新焦點。

我本來以為在嘴唇這一塊小小的肌膚上，除了各式鮮豔的口紅、唇彩筆、唇露、唇蜜，以及各種不同香味、滋潤度的護唇膏之外，應該已經沒有什麼新劑型可以開發了。沒想到廠商創意無限，還是能有新鮮產品出籠！實習生告訴我現在到處都買得到嘴唇專用的「紋唇貼紙」，以及「純天然染唇膜」，就是正新鮮的唇妝產品。

紋唇貼紙比較單純，它的原理跟紋身貼紙相同：沾濕後貼在唇部，停留一段時間後即可變色。這是使用的是水溶性的膠，讓油墨暫時黏在肌膚上的「濕轉印」。想要卸除時，使用卸妝產品卸妝就好。比起刺青、紋唇，可變化度大增。

「染唇膜」就比較特殊了。它的產品觸感有點類似黏稠的膠水，塗在嘴唇上停留一段時間，不能動也不能抿嘴，等到乾了之後再用手將薄膜撕除，顏色就染上了。很酷吧！產品上還寫著，染唇膜防水、不掉色，而且這是天然成分，安全無虞；想當然耳這個產品一定能大賣了。

看到這，有沒有覺得哪裡奇怪？防水、不掉色，還天然無害，是不是很夢幻？當然夢幻，因為根本不可能。

先不去說各式鮮豔染料本身，幾乎都是化學合成的。染唇膜的原理，是利用高分子的矽氧化合物，把染料黏到肌膚上。所以跟濕轉印不一樣，它是可以防水的。光是這一點，所謂「純天然」就破功了！

再者，以保養的角度，我非常不建議常常對皮膚做這種撕拉的動作。嘴唇的肌膚跟臉上其他肌膚相比，本來就已經較薄；因為整天反覆的進食、清潔、口水……它本來就已經較容易脫皮，而在撕拉的過程免不了又會撕去一些嘴唇的表皮。認真想想，嘴唇還有可能不暗沉、不脫皮、不乾癢嗎？

只要是彩妝，基本上對肌膚或多或少都有影響。尤其是顏色越鮮豔、越防水不掉色的，一定影響更大！染唇膜兩者兼備，又加上撕去薄膜，就跟去除粉刺的貼紙一樣，對唇部肌膚必然有一定程度的傷害。因為新奇有趣，偶爾使用一次倒還好，要是經常使用，小心讓嘴唇陷入長期的乾燥龜裂。傳統口紅、唇蜜、唇露就很夠用了，這種可能傷害肌膚的產品，建議還是少用為妙。

34 氣墊粉餅不衛生？

從二〇一五年初開始，氣墊粉餅造成一股流行旋風！號稱質地滋潤、妝感自然，各大品牌紛紛推出相關商品。網路上一篇又一篇的「生火文」，讓不少人手滑跟流行入手了氣墊粉餅……但是看到網路上「氣墊粉餅很不衛生」、「是細菌溫床」等等說法，不免又膽顫心驚！

「氣墊粉餅」到底是什麼？

氣墊粉餅，其實就是把一塊吸滿粉底液的海綿裝在粉餅盒中，使用時，以粉撲去按壓海綿，沾取粉底液來拍到臉上。說穿了它就是「放在盒子裡的一塊吸滿粉底液的海綿」。

為什麼氣墊粉餅會如此風行呢？答案其實很簡單：「方便好用。」

一來，液態的粉底液本來就比固態的粉餅更容易均勻上妝、妝感也會比較自然；再來，粉底液最不方便的地方，就是流動性好，會流來流去，而氣墊粉餅利用一塊海綿解決解決了這個問題。又好用、又方便，是不是很完美呢？

優點往往也是缺點

事情當然沒有那麼簡單美好。氣墊粉餅之所以方便，是因為它是粉底「液」，但之所以會有清潔衛生的問題，也是因為它是粉底「液」：裡面有水。

水分是細菌孳生的必要條件。相較於不含水分的粉狀粉底，粉底液長細菌的可能性高太多了。

再來，妳平常補妝，粉底只沾一次就夠了嗎？應該不是吧！大部分的女生，都會沾個兩三次。就算妳只沾一次，可是妳下次使用時，會更換新粉撲嗎？我想大部分人都不會這麼做。所以，跟臉接觸過，沾著汗水、皮脂、皮屑、細菌的粉撲，就一而再、再而三地回頭按壓氣墊粉餅，把細菌帶進充滿水分的粉底液裡，也同時提供皮屑、皮脂這些美味可口的食物給細菌享用。妳說，這是不是幫細菌找到一個舒適、適合生長的好環境呢？

「哎呀！好噁心！」

當然，廠商也不會放任這種情況發生，所以氣墊粉餅裡的粉底液，都會使用比較多種類、劑量也比較高的防腐劑。

先別一看到防腐劑就開槍。只要是合格上市的產品，這些添加的防腐劑一定都在法規限制之內，但如果妳是對防腐劑深惡痛絕，或是膚質對防腐劑比較敏感的話，我必須很明白的跟妳說：氣墊粉餅裡，一定有防腐劑，而且劑量不低。如果不能接受，還是建議妳用傳統的乾式粉餅。

不是只有氣墊粉餅不衛生，所有海綿刷具都不衛生！

其實不是只有氣墊粉餅有細菌孳生的問題，只要是不斷與皮膚接觸的刷具、粉撲、海綿，都有一模一樣的狀況。此外，常接觸到口水、唇部皮屑的護唇膏、口紅，也同樣是細菌聚集的高危險地帶。如果妳的皮膚比較敏感，或是皮膚上有傷口，就容易會引起發炎、過敏的反應了。

那……我的氣墊粉餅還能用嗎？

粉底、刷具孳生細菌並不是一天兩天的問題，其實是可以透過良好的使用習慣來解決的。每次都使用乾淨的粉撲與粉底接觸當然最好，如果做不到，那至少也要定期清潔、更換刷具與粉撲，也是可以大大降低長期重複接觸皮屑、油脂，導致化妝品孳生細菌的機會。當然，最重要的，氣墊粉底、口紅、唇膏這類會常常跟肌膚接觸的彩妝品，開封後請盡速使用，最好能定期更換。

「多久換一次呢？」

嗯，好問題。如果妳沒有每次使用完就放在陰涼的地方保存，而是隨手置放的話，盡量在一年內使用完吧！

這些好習慣，對於粉底液、遮瑕膏、腮紅霜、唇膏等霜類、膏類的產品，都是適用的。只要與它們接觸的用具維持清潔，就可降低化妝品中繁衍細菌的可能。聽起來雖然麻煩，但愛上妝的女性們，請為了化妝品的衛生努力吧！

35 泡泡越多越傷皮膚？

發表了沐浴乳、手工皂成分的主題之後，陸續有網友針對洗面乳提出疑問：

「我發現開架式洗面乳，成分全都是化學物質，超傻眼！」

「植物萃取的洗面乳都很貴，請問化學成分洗面乳跟純天然的洗面乳，效果有差嗎？」

看到這些問題，我不禁手癢得去Google一下，又找到幾則「有趣」的廣告訊息：

草本洗面乳廣告：「化學洗面乳用多了，每天用界面活性劑、發泡劑洗臉，把臉當地板洗，難怪擦再多保養品也救不回柔嫩的肌膚！」

手工潔面皂廣告：「市售洗面乳有泡沫就代表含皂基，泡沫多就代表起泡劑加的多，都非常傷害皮膚！」

這些恐嚇性文宣，到底真實性有幾分呢？如果這些文字也讓你困惑，那麼來看看事實如何吧！

疑問一：化學成分的洗面乳、非化學的洗面乳，效果有差嗎？

這問題非常好！事實是，世界上不存在「沒有化學物質」的洗面乳。附帶一提，也沒有「無化學物質」的肥皂、洗髮乳、沐浴乳。喔！也不會有「無化學物質」的洗衣粉、浴室或廚用清潔劑。就算是手工皂，具有清潔效果的成分「皂」，也是化學物質，跟人工的並沒有不同。更何況，手工皂在皂化過程也會用人造的化學物質：氫氧化鈉。

當然，若你選擇有機認證的產品，的確可以買到人造化學物質比較少、可能比較不刺激皮膚的產品；但任何市售產品如果標榜「不含化學原料」，百分之百是廣告不實。

「謝博士，真的沒有非化學的清潔劑嗎？」

坦白說，還真的沒有。不過，「天然、非人工」的清潔劑是有的。黃豆粉、苦茶渣這類未經加工的產品，的確是符合天然、非人工、有清潔力的條件。黃豆粉與苦茶渣都富含天然皂素，所以有清潔效果，不過，拿來洗臉就請三思：使用起來不方便事小，如果用量過多，因為顆粒刮臉，過度去角質造成皮膚的細微傷口，反而更傷皮膚。

疑問二：洗面乳泡沫多，代表添加大量起泡劑／皂基，很傷皮膚？

沒有這種事，沒有這種事，沒有這種事，很重要所以說三遍。

任何清潔產品，不管是要洗臉、洗身體還是洗頭髮，都必須要有介面活性劑才會有清潔力。而介面活性劑與水、空氣混合之後，就必然會起泡，所以別再相信「泡沫多代表會傷害皮膚」這種沒有根據的傳言了！如果完全沒有泡沫，代表幾乎沒有清潔力，你反而要擔心有沒有洗乾淨呢！

同樣的，皂基也不是「壞東西」，並不會比較傷皮膚。皂基和手工皂裡的「皂」一模一樣，都是油脂與氫氧化鈉皂化之後生成的介面活性劑。會覺得皂基傷皮膚，主要是因為酸鹼度：大部分皂基偏鹼，溶解油脂的效果很好，所以洗完後會有澀澀的感覺。但現在大部分市售的肥皂，或是含皂基的清潔產品，pH值都有調整過了，不會那麼「澀」。如果真要說哪款產品洗完會最「澀」，恐怕是大家崇拜的另一個「神品」水晶肥皂吧！你說，人云亦云，是不是很矛盾呢？

疑問三：哪種洗面乳比較不會殘留？比較不致粉刺？

有人以為「洗面乳」比較容易殘留在臉上，而「洗面皂」比較不會，這其實是錯誤的觀念。清潔用品會不會殘留，和使用的方式有關，而不是和液狀或固體有關。

正常來說，應該要把清潔產品加水充分混合後搓出泡沫，再抹在皮膚上進行清潔，而不要直接把洗面乳抹在臉上。因為清潔產品需要與水充分混合，才能發揮清潔能力，讓水輕易地把油污帶走，而起泡正是清潔產品與水充分混合的現象；而且搓揉起泡越徹底，代表界面活性劑與油污間的乳化越完全，水一沖就洗掉了，不容易有殘留。反之，清潔劑如果不跟水混合，清潔力是會大打折扣的。有時候覺得怎麼沖都滑滑的，大半都是因為起泡不完全，導致界面活性劑不容易沖乾淨造成的。所以，不要再錯怪泡泡了！

看了以上說明，有沒有對「洗面乳中的化學物質」沒那麼害怕呢？希望大家別被一些似是而非的恐嚇文案、資訊給嚇怕了。洗臉產品以成分而言，不可能「不含化學物質」，或「沒有介面活性劑」，建議大家按照自己皮膚的出油狀況，選擇洗淨力程度符合自己膚質的產品即可。

36 沐浴乳洗完身體滑滑的是添加物殘留？

應讀者要求，寫完手工皂、水晶肥皂後，接著又有人問問題了：

「博士，沐浴乳比肥皂方便多了，我家都買沐浴乳，那沐浴乳怎麼挑呢？」

「有些沐浴乳廣告主打『洗後不緊繃』，但洗完澡之後皮膚還滑滑的，難道不是沐浴乳添加物殘留嗎？」

「還有現在日韓進口好流行的『香氛沐浴精』，真的有加香精油嗎？」

問題還真不少啊！哪些說法才對呢？

沐浴乳「洗完滑滑的……」，是好滋潤還是好多添加物？

不知道是什麼時候，沐浴乳廣告開始強打「洗後不緊繃」、「洗後咕溜咕溜」，從此就成了選購沐浴乳的重要指標之一，甚至有時候想找不滑的還比較麻煩。古早的肥皂洗完總是讓皮膚感到乾澀，到底是加了什麼魔法，才能讓沐浴乳洗後不緊繃呢？

不管是沐浴乳、洗髮乳、洗面乳、洗手皂都一樣，目的都是要帶走皮膚表面的油垢髒污；當這些油污被帶走，也會同時帶走一些皮膚表面本來就存在的油分，因此，清潔之後皮膚會覺得比較乾澀、緊繃，這都是正常現象。但是不少人不喜歡這種洗完緊繃乾澀的感覺，所以「洗完滑滑」的產品就應運而生！這其實有點矛盾：洗臉、洗澡，其實就是想把髒東西洗掉、洗乾淨，如果洗完滑滑的，那一定是有某些東西還附著在皮膚上。各位不覺得，這很奇怪嗎？

「洗後不緊繃」，說穿了，就是兩種方式達成：一種是降低清潔力，另一種就是在產品中添加甘油之類的保濕潤滑類的潤滑成分。對於肌膚乾燥、敏感的人來說，這種做法的確是有幫助的，因為乾性肌膚的人如果皮膚表面油脂被過度洗淨，會讓肌膚相當不舒服，甚至引起過敏、紅、癢等現象；但如果是大量運動出汗、出油旺盛的人，就不建議使用這類的清潔產品了，因為清潔力不足，洗不乾淨，說不定背後就開始冒痘痘了！

我個人是建議，洗完之後，不要有過度的緊繃、乾澀感，但也不要刻意去追求滑滑的。過與不及，兩者對肌膚都不是很好啊！

「香水沐浴精」裡面，真的有好多純天然植物香氛精華嗎？

我就直說了吧！當妳感覺沐浴乳香味非常濃郁的時候，它的香味「幾乎、通常、相當大的可能性」都不是來自天然的花草精油。這並不是廠商黑心，而是如果要在大罐五百毫升的沐浴乳中，以純天然的植物精油，呈現濃郁化不開的香味，大概要加入上千台幣的香精油才做得到。一瓶幾百元的沐浴乳的香味當中可能有部分是來自植物精油，但其餘的香味，就得使用合成香料去補足了。

怎麼知道妳的沐浴乳是不是香料沐浴乳呢？一樣，看看瓶身吧！全成分表上的原料，是按照添加量多寡來排序的，妳可以在沐浴乳背面看看，它的「Fragrance」（香料）順序是不是排在「花草精油」前面呢？

不過我覺得，是不是合成香料倒不用太過分在意：因為沐浴乳只是留在皮膚上幾分鐘而已，一下子就沖掉了；如果一些合成香氛可以讓妳的沐浴時光變得愉悅、紓壓，晚上可以睡個香香的好覺，那有何不可呢？

37 塑膠微粒該禁用，但光這樣救不了海洋！

逛賣場時，在洗面乳的貨架前聽到有人在討論「塑膠微粒」：

「塑膠微粒會污染海洋，而且也會害死許許多多的海洋生物！海裡飄浮的塑膠微粒，都是從磨砂洗面乳、沐浴乳這些東西裡來的！」

「現在的廠商真的都很黑心，為了cost down添加這些對環境有害的東西……」

聽到這裡，我真是悲歡交集、哭笑不得。開心的是，很高興大家更願意關注環保，了解「塑膠微粒」對環境傷害的嚴重性；但哭笑不得的是，坊間流傳的說法，其實只有部分正確。先簡單說吧：就算全世界的美妝產品從古至今都沒使用過塑膠微粒，塑膠微粒的危害也不會減少多少。

「你自己是美妝業者，當然這樣講啊！很無恥耶！」

第一，以往大家並不知道塑膠微粒有什麼問題——它被發現對生態有影響，是近幾年的事情。當塑膠微粒被證實會破壞環境，各國紛紛立法限制，各大品牌也自發性改進，所以到現在幾乎所有品牌都已經停用或準備停用了。

第二，坊間流傳「廠商使用塑膠微粒是為了成本考量」其實是錯的：使用塑膠微粒的廠商考量點其實不是成本，而是產品穩定性。

第三，美妝行業已經開始禁用塑膠微粒，但真正產出大量塑膠微粒的其實不是美妝，而是各種家用、工業用的塑膠成品。

什麼是塑膠微粒？為什麼它會傷害環境？

根據美國海洋暨大氣總署（NOAA）的定義，塑膠微粒（microplastics）是指小於〇．五公分（5mm）的塑膠碎片。

那塑膠微粒哪來的呢？主要就是各種塑膠製品，在使用、分解過程中產生的。小到塑膠袋、保鮮膜、保鮮盒、塑膠杯、瓶、碗盤，大到塑膠家具、建材、輪胎……其實都是塑膠微粒的來源。有些部分洗面乳沐浴乳中用的「去角質柔珠」，也是使用塑膠微粒。

這樣看下來，你覺得各種家用、工業用塑膠用品耗損分解之後產生的塑膠微粒比較多，還是洗面乳中的柔珠比較多呢？

塑膠微粒會被海洋生物吞食，影響這些生物的生長與繁殖，對生態造成嚴重衝擊；塑膠微粒也會經由食物鏈，進入到人類的食物中。在這過程之中，塑膠微粒可能吸附了水中的各種化學物質、污染源，形成毒性，影響食物鏈中每一層生物的健康，當然包括人類。所以，解決塑膠微粒對環境的傷害，的確是刻不容緩！

為什麼說「化妝品產業不用塑膠微粒，海洋污染也不會減少多少」？

以前美妝行業還在使用塑膠微粒的時候，一般身體用去角質商品所添加的磨砂顆粒，直徑大概在0.4～0.6mm，洗臉用品所添加的磨砂顆粒，大概在0.2～0.3mm，而粉底、睫毛膏為了延展性，有時候也會使用到這種微粒，不過直徑就更小了：介於九微米（0.009mm）和一百奈米（0.00001mm）之間。上述這些粒子的確都小於5mm，都是塑膠微粒，對環境也有傷害。不過，讓我們看看另外一份數據：

根據美國國家科學院期刊（PNAS）的科學論文描述：「污染海洋的塑膠微粒，含量最高的地區為北太平洋。污染物以直徑1～5mm大小的塑膠微粒為主，其中直徑2mm大小的微粒比例最高；小於1mm的微粒幾乎沒有。」

這就是為什麼我會說：「就算全世界的美妝產品從來都沒用過塑膠微粒，塑膠微粒的危害依舊存在，而且不會減少多少。」化妝品、日用品中所含的塑膠顆粒其實都小於1mm，這些大小的顆粒，並不是在海洋中觀察到的主要污染源。所以，如果你的目的是要拯救海洋生態，禁止化妝品產業使用塑膠顆粒，能達到的效果其實很有限。

為什麼化妝品要添加塑膠微粒？

塑膠微粒在美妝產品中發揮的效果主要有兩個：一個是做為清潔用品的去角質之用，另一個則是在蜜粉、粉底等底妝商品中做為「吸油粉體」，並且讓妝感變得薄透。現在許多底粧產品號稱可以「控油」、「隱形」，靠的就是類似的粉體可以讓妝感更好、更持久。

「難道沒有天然替代品嗎？」

有的，去角質顆粒可以用天然纖維顆粒取代，粉底中的顆粒可以用玉米澱粉代替。不過天然並不能解決所有問題：天然纖維、玉米澱粉都容易腐敗，因此，產品中的防腐劑勢必得提高，於是對敏感肌膚就更不友善……

「我就是想要全天然、無防腐劑的產品！」

唉，這真的是辦不到。我曾解釋過，防腐劑是必要之惡，在限量內其實也算安全；製造商不是魔術師，以人類現有的技術，不可能滿足想像中「不加防腐劑又要不會長菌、全天然品質還要恆定」的夢幻產品。

勿以惡小而為之

我支持禁用塑膠微粒，但不是很認同有些團體或個人為了推廣「禁用塑膠微粒」的理念，誇大喜劇效果，把產業妖魔化。知名的《東西的故事》影片系列就是個很實際的例子：它的大方向沒錯，塑膠微粒的確對環境有不良影響，但卻錯誤地把所有的罪惡都歸在個人護理用品上。其實，只要做個簡單的估計，就會發現全世界個人護理用品、保養品、彩妝所用的塑膠微粒的總量，遠遠小於全世界汽車輪胎損耗產生的塑膠微粒總量。但是，為何影片不提倡禁止製造輪胎呢？因為根本辦不到。為了強調事件的嚴重性，就只好把所有的過錯，都推給個人護理用品、保養品、彩妝了：不製造一個妖魔出來，無法引起大眾的注意。

不論如何，塑膠畢竟是無法自己分解的物質，如果沒有好好回收，在自然環境中，它會是萬年不變的垃圾。「莫以善小而不為，勿以惡小而為之」，個人護理用品、保養品、彩妝中，最好禁用塑膠顆粒。此外要呼籲的是，為了環境，少用一次性使用後就丟棄的塑膠，絕對是值得做的事。如果你也是熱血的環保鬥士，那就不要只是拒買「柔珠洗面乳」，少用點塑膠製品吧！

38 如何讓睫毛長長久久

曾經看到綜藝節目訪問女星：「如果只能帶一個化妝品出門，會帶什麼？」女明星們毫不猶豫紛紛回答「眼線」、「睫毛膏」。我想這個答案大概跟我公司裡的女同事差不多吧！眼線、睫毛膏可以加強眼睛、眼部輪廓，讓人看起來更有精神，有時效果可以媲美修圖喲！

「哇！老闆，睫毛膏真是個神奇的發明，能讓睫毛瞬間變得又濃又長耶！裡面到底添加了什麼厲害的成分？」

最早的睫毛膏，其實就是把凡士林加炭粉，做成能塗在睫毛上的黑色糊狀物。發明睫毛膏的品牌媚比琳（Maybelline）其實就是創辦人Thomas L. Williams以妹妹的名字Maybel和凡士林（Vaseline）組合而成的。一九二〇年代，Williams看到妹妹用凡士林塗抹在睫毛上，於是將凡士林與炭粉調製成睫毛膏。最初的「睫毛膏」其實不過是黏稠的油性黑色物質，用牙刷一樣大的刷子塗到睫毛上，不但難以使用而且容易暈開；經過不斷改良，才成為現在看到的睫毛膏。

各種睫毛膏的化學原理

各種睫毛膏都是利用原料配方來製造效果。比方說纖長型睫毛膏，就是減少凝膠和蠟的比例，添加人造絲、尼龍纖維等纖維，使用者如果刷得有技巧，就可以讓絲順著睫毛延伸，使睫毛看起來比較長。要注意的是，這些纖維是有可能掉入眼睛內，造成出油、流淚，甚至引起發炎，使用時須特別注意。

至於強調「捲翹」、「豐盈」的濃密型睫毛膏，主要是加入植物蠟、蜂蠟、羊毛脂或是大豆卵磷脂等油性成分，塗上後讓睫毛更有彈性、看起來更濃密。

防水型睫毛膏，則是添加揮發性矽成分，在睫毛表面形成薄膜，達到較持久防水的效果。因為防水，所以也不好卸，需用眼唇卸妝油來卸除，清潔才會較徹底。

另外還有一種溫水可卸睫毛膏，原理是利用高分子聚合物，讓睫毛膏乾燥的同時自動形成薄膜；洗臉時用溫水沖洗，睫毛被軟化了，附著的薄膜就自然脫落了。理論上不需要卸妝品也可以沖洗掉，但是實際使用時還是要小心殘留，由於高分子聚合物不能被身體代謝掉，也要注意掉下來的薄膜不要掉進眼睛裡。

眼睛是很敏感的，無論選擇哪一種睫毛膏，若是使用不當或清潔不徹底，都是可能引起眼皮紅腫、發癢等過敏反應的，腫成青蛙眼，就不美了啊！

睫毛增長液

不論是纖長型或是濃密型，都只是一時的「視覺效果」。所以為了希望睫毛真的變長，也有許多人愛買坊間賣的睫毛增長液。買的時候記得先看看成分，如果只是一些維他命E、蛋白質、油脂之類的一般營養品，並沒有被證實有「增長、增量」的效果；就像潤髮乳用得再多再久，也只能讓頭髮變得有光澤，而不會增加髮量或使頭髮長得更快是一樣的。

什麼成分算是有效成分呢？有一種治療青光眼的藥物「Bimatoprost」被證實能使睫毛增長、變粗，因此，的確可以做為睫毛生長的有效成分使用。但這個藥物同時也有造成眼睛紅腫發癢、加深黑眼圈的副作用。愛美的路真是不容易啊！

種睫毛正夯

「謝博士，我很懶得每天塗睫毛膏耶！我想去『種睫毛』，有什麼風險呢？」

現在坊間說的種睫毛，其實就是把假睫毛一根根黏在上眼瞼，比較方便，也持久，不過並不是完全沒風險！種了睫毛之後，最常見的問題就是眼睛變得敏感，甚至每天早上起床都覺得眼睛乾澀不舒服。這可能是因為接睫毛用的「黑膠」，基礎成分就是氰基丙烯酸酯（Cyanoacrylate），也就是俗稱的三秒膠。

它產生的氣體對眼睛有很強的刺激性，因此眼睛敏感、有乾眼症的女孩們千萬不要隨便嘗試，一定會非常不舒服的。雖然我自己並沒有接過睫毛，不能證言，這種「黑膠」也可能因為配方不同而有不同的三秒膠含量，但是大部分都落在含量八〇%～九〇%，換言之，刺激性都是非常高的。

不論是膠水引起眼瞼過敏，還是黏得不夠牢假睫毛掉進眼睛裡，導致發癢、眼球充血，變成結膜炎，甚至假睫毛刮傷眼角膜，都是要小心注意的，以免得不償失。

世上沒有絕對安全的東西！睫毛膏還是可以塗，如果覺得眼睛真的很「強壯」，睫毛也還是可以種。選擇適合自己眼部狀況的產品，適當的使用，注意卸妝，若是出現不舒服的症狀，及早就醫，才可以讓睫毛「長長久久」！

39 塑身衣不能塑身、翹臀霜無法翹臀……

前陣子我寫了篇文章分析「便宜面膜到底能不能用？」，在深入這個主題的過程中，我發現身邊很多人明知這些面膜有點太過便宜，卻還是堅持使用的原因是「某美容教主告訴大家，就算買便宜貨也要天天敷面膜」。就連我的編輯看了也恍然大悟：「的確就是因為曾經看到達人這麼說，就算現在很忙，但一週沒有敷三次面膜的話就覺得自己是黃臉婆！」可見達人們的一句話，多有影響力啊！讓台灣的女人們寧願冒著買到黑心貨的危險，也要掃進便宜面膜。可是，達人們說的話，真的都是對的嗎？我蒐集了幾個「達人們」重要的美容小祕方，一個一個來看看吧。

每天都要敷面膜，再便宜的面膜也沒關係

面膜的功能在於在短時間（三十分鐘）內讓表皮大量補水，屬於救急用。例如換季時肌膚急性乾燥，或是曬後需要大量補水護理，面膜的確是很好的選擇；但如果天天

敷，其實跟用化妝水補水，效果是差不多的。若是沒有搭配其他保水（精華）、鎖水（乳液、乳霜）產品，基本上效果也就是敷完後的那二～三小時而已，之後就打回原型了。更何況，太便宜的面膜可能還會有其他不良影響，所以「每天都要敷面膜，再便宜也要敷」，基本上是個假議題，平日乖乖保養、維持健康生活習慣才是長久之計。

擦「翹臀霜」會讓屁股變翹！

我可以很肯定的告訴妳：不會，不會，絕對不會！

所有的纖體霜、翹臀霜，能夠提供的幫助最多是促進局部血液循環，讓妳出汗。出汗排出水分，的確對曲線有些改善的效果，不過也就只有這樣了。不論產品是號稱可以「分解脂肪」、「消除橘皮」、「智慧鎖定腰間贅肉，精準剷除」，全部都是假的，假的，假的！深埋在真皮下方的皮下脂肪，不可能因為在表皮擦了什麼霜或是膏就被分解；同理，因為脂肪堆積而形成的橘皮組織，也不可能因為擦了外用產品就神奇的改善。有些號稱可以「燃燒脂肪」的溫感產品，擦到皮膚上就會有發熱的感覺，讓人覺得好像脂肪真的在燃燒，其實只是產品中添加了類似痠痛藥膏、藥布中促進血液循環的成分，所造成的錯覺。想瘦、想雕塑曲線，乖乖適度運動和均衡飲食吧！

塑身衣能把脂肪「推」到定位！

跟塑身霜同樣的道理，坊間也有很多名人代言的塑身衣，號稱可以「推動游離的脂肪」。這些廣告雖然沒有明說，但強烈暗示，只要持之以恆的穿塑身衣，就可以把多出來的腰間肥肉推到想大的地方，塑成該有的形狀。不少人一定抱持一種憧憬：「如果肚上的肥肉可以一路推推推，推到胸部的話，世界多美好啊！」冷靜一下吧！很抱歉，現實世界可不是這樣運作的。

人的脂肪細胞生長出來之後，就像任何其他組織細胞一樣，只會變大變小，不會移位，也不會消失。也就是說，脂肪根本不可能在身體裡「游移」，也不要說被塑身衣這樣的外力推去別的地方了。除非用抽脂這種比較激烈的破壞組織的方式，否則要減少脂肪，只能靠飲食控制及運動來燃燒熱量，減少每個脂肪細胞的脂肪儲存量。簡單地說，想靠塑身衣將脂肪細胞推移到想要的位置，或是想用束腹的「紅外線」消除脂肪，是不可能的。

用冷水洗臉最好？

我不知道這個說法最早是怎麼開始的，但的確不少國內外的名人、達人都有提過。

我就聽過公司的妹妹信誓旦旦的說：「只要堅持一年四季不管多冷都用冷水洗臉，可以防止皺紋」，還有「想要毛孔變小的話，每天把臉泡進裝滿冰水的臉盆，熱漲冷縮，毛孔就會變小了」。的確，因為自我保護避免熱量散失的生理反應，當皮膚接觸到冰冷的水，毛孔會暫時縮小——但這個效果大概也就持續幾分鐘而已。別忘了人是恆溫動物，妳的皮膚終究會回到正常體溫，毛孔也就正常打開了。所以幹嘛大冷天還要虐待自己泡冰水呢？而且以清潔效果來說，溫水溶解油脂髒污的效果比較好（就像洗衣服或是洗碗用溫水比冷水容易洗淨油污一樣），所以我還是建議不需要特地用冷水洗臉，正常水溫就可以了。

不要使用含氟的牙膏，會長痘痘？

這也是來自美容達人的部落格，雖然這個說法並不是完全錯誤，不過我覺得是反應過度了。氟的確會促進皮膚油脂分泌，因此這並不是完全的空穴來風。不過，其實只有「接觸到」含氟牙膏的皮膚，才會有這個問題，例如嘴巴四周。使用含氟牙膏並不會全面性的引發痘痘。如果真的發現嘴巴周圍特別容易長痘痘，有可能是對氟特別敏感，可以試著把含氟牙膏換掉試試看。如果本來一直使用含氟牙膏，也都沒有什麼問題的話，倒也不需特意選擇非含氟的牙膏。

上面是幾個最常見、也很值得討論的美容迷思，在寫這篇文章的時候，我對身邊的女性朋友和同事調查，幾乎每個人都聽過「要用冷水洗臉」、「每天都要敷面膜」這些似是而非的保養祕訣，不禁讓人讚嘆：「達人們的影響力真大啊！」對名人而言，可能只是分享自己在美容保養的一些心得或小撇步，也沒有特地向皮膚科或是美妝專業人士求證，但經過大量宣傳之後，不知不覺竟然影響了一整個世代。

當然達人們的建議也不見得全都是錯誤的，比方說外出的防曬、皮膚每日的清潔，都是強調再多次也不夠的正確觀念。不論如何，想要有健康的皮膚和美麗的身段，最重要的還是維持健康的生活形態：多運動、多喝水，少抽菸、少喝酒、少熬夜，加上確實的日常保養。講起來很像老生長談，不過正是這樣平實的老生長談，才是維持美麗的長久之計。

40 神奇的美腿襪可以瘦腿？

身在美妝保養產業，幾乎每個月都會看到一些新的美容或瘦身方法問世；比方說現在天氣炎熱，街上都是短裙涼鞋，於是「美腿」、「去腳皮」就成了最近的熱門話題。有人團購「美腿襪」，號稱晚上穿著睡覺，早上醒來小腿就會變瘦變美；有人推薦「足膜」，據說敷了之後可以讓老腳變新腳；還有女生重金購入一支要價一千五的電動磨腳皮機（是有多想去腳皮？）。嗯，到底這些東西，有沒有這麼神奇呢？

美腿襪穿完變瘦腿，原理是什麼

先來說說美腿襪吧！小腿美腿襪的原理是利用高丹尼數的布料、搭配剪裁成小腿的形狀，來達到緊束的效果；打個比喻，這就是小腿的「塑身馬甲」，穿了之後緊緊的，就覺得變瘦了。那到底有沒有真的變瘦呢？我反問一個問題：你覺得穿塑身馬甲，脫下之後，小腹跟腰側的贅肉就會消失嗎？

美肌襪真正的效果，不在於「瘦腿」，而是利用加壓的原理，促進腿部血液回流、避免腿部靜脈曲張。說穿了，這就是已經問世很久，解決小腿靜脈曲張的「彈性襪」。這個產品原先是設計給需要久站的職業使用，的確是能有效改善青筋浮現跟浮腫的。不過，它可絕對沒有「溶脂」、「瘦腿」的效果喔！

另外要注意的是，如果美腿襪太緊、穿太久，造成血液循環不良，反而會引起小腿水腫的可能，這就真的是得不償失了；所以最好不要穿著它睡覺。

對於瘦腿，我的建議有三個：抬腿、泡腳、伸展與按摩。晚上在睡覺前，可以將雙腳靠牆高舉，或是睡覺時拿枕頭墊著。大約抬個十~十五分鐘，這樣可以促進腿部血液循環，避免靜脈曲張、浮腫。泡腳與按摩也是一樣的道理，放鬆肌肉、促進血液循環，小腿線條自然就好看了。

腳丫子敷的去腳皮面膜，可以老腳變新腳？

腳底部分的角質是全身最厚的，對於保護腳部肌膚有很大的幫助。你想想，每天穿著鞋子走路、不斷摩擦，如果沒有這麼厚的角質保護，腳部皮膚很容易被破壞受傷。但的確，過度堆積的死皮老繭也真的不美觀，難怪女生對它除之而後快。

足膜跟電動去腳皮機說穿了，就是化學性跟物理性的去角質而已。足膜的原理，是利用果酸類的成分，達到化學性去角質。所以使用之後，腳會變得柔嫩光滑。不過，這跟臉部去角質一樣，過度使用會傷害到健康的角質層。有不少案例是產品pH值過低，造成腳部肌膚灼傷、發炎的，我建議大約兩周到一個月用一次就好。如果腳上有傷口，或是有香港腳及其他皮膚病，千萬不要用，以免傷口發炎。

電動磨腳皮機，就是物理性的去角質，跟拿砂紙把木頭拋光的原理是一模一樣的。使用的頻率一樣要注意，以免過度去角質會造成後遺症。腳部角質對於腳部肌膚的保護作用很大，如果全部去光光，一定會有後遺症。

我常常問公司女同事一個問題：「為了美容，你願意犧牲到什麼程度？」舉個美白的例子。有人膚色已經是白到固有膚色的極限了，但是她嫌不夠，一定要跟白人一樣白皙，於是就用了激烈的美白方法，像是對苯二酚、磨皮等等。或許短時間內的確是可以達到想要的「白」，可是肌膚的健康被破壞之後，敏感、紅腫、斑點等等問題，就會陰魂不散的纏著肌膚。美腿也是一樣，如果一心想著要像名模一樣有著纖細的小腿、光滑的腳跟，而用了太激烈的方法，請相信我，後遺症絕對讓你痛不欲生的。美很重要，但前提是要美得健康，美得沒有後遺症，希望大家都能記得這件最重要的事。

41 喝檸檬水可以減肥嗎？

夏天讓美白跟瘦身這兩個本來就很熱門的話題，更加火紅！最近有女星公開美麗小祕方「檸檬水」：早上起床後將檸檬切片，加入大量白開水，依個人口味添加一些蜂蜜等等的糖分調味。看著女星曼妙的身材跟白皙的肌膚，我猜不少人心裡想著：「只要我每天努力喝檸檬水，就會跟她們一樣！」甚至連帶的，可以擠檸檬的隨身水壺也打起廣告，就連我們家辦公室的冰箱，也多了不少新鮮檸檬。唉，不是我要潑冷水。多攝取蔬果是好事，不過單靠檸檬水，有那麼神奇嗎？

檸檬可以減肥嗎？

檸檬最大的營養價值，來自維生素C。維生素C應該是所有維生素中最紅、最受歡迎的一個了，它對人體是必須的營養素，可以促進體內膠原蛋白合成、防止壞血病。此外，很多不同的研究，指出維生素C可以預防感冒、排毒、預防高血壓等等等等神奇功效，坦白說，對太多的神奇功效我持保留態度，但適量攝取維生素C，絕對不是壞事。

雖然檸檬有很多好處，但關於減肥這件事，並沒那麼神奇。唯一可能有幫助的原因，是因為你喝的是檸檬「水」。現代人普遍不愛喝水，卻喝太多含糖飲料。如果你相信檸檬水這個小祕方，應該可以幫助你少喝幾杯含糖飲料，多喝幾口水。降低熱量攝取、促進新陳代謝，對於控制體重應該有一定幫助。泡檸檬水也要注意，因為很多人會加入蜂蜜或其他糖來抵銷檸檬的酸味，但這樣反而會喝進過多熱量，所以甜度也要控制！

瘦身減脂絕不是只靠這一味就可以。減肥還是得靠五字箴言：「少吃多運動」，均衡不過量的飲食和固定的運動習慣，才是體重控制的王道。

檸檬水的注意事項

除了維生素C，檸檬還含有維生素B群，以及鈣、鎂、磷、鉀、鐵等礦物質，是很好的水果。但不管是任何多厲害的「神」物，都是適量即可，攝取過多，對身體終究是會造成負擔。檸檬很酸，非常容易刺激牙齒，久而久之侵蝕牙齒琺瑯質，變為敏感性牙齒也不是不可能。

還有，檸檬是一種含有感光成分的水果，皮膚沾到檸檬汁，一定要洗乾淨，如果沒洗乾淨就在陽光下曝曬，會引起光敏感性皮膚炎，紅癢、起泡、生成黑斑。製作檸檬水時，特別注意一下喔！

還有什麼水果也富含維生素C？

其實很多水果中的維生素C含量勝過檸檬呢，像是芭樂、奇異果、柳丁，都是富含維生素C的水果。如果相信檸檬水的維生素C神話，其實這些水果也都是很好的天然維生素C來源。

至於說到美白，很多人問我，謝博士呀，為什麼我狂喝檸檬水還是都白不回來呢？我只能說，美白最重要的是在於防曬，做好防曬，再搭配適當的美白保養產品，就可以擁有健康白皙的膚色。

42 油切茶真的能切除肥油？

赤炎炎的夏日，免不了想要來一支甜滋滋、透心涼的霜淇淋；三五好友的聚會，去吃燒肉配啤酒真的是再好也不過的選擇了！每當大家盡情享受美食的同時，往往也大口大口吃進脂肪、熱量。怎麼辦呢？

公司的女同事說：「老闆，不用怕啦，我們有團購油切綠茶啊！喝下去就沒事了！」

唉……枉費你在我公司，天天看我寫文章、聽我說道理，怎麼還會有這種想法呢？

茶可以幫助減肥嗎？

這問題非常好！不過，這不是個有簡單「是／否」答案的問題。

的確有科學研究發現，茶可以幫助代謝、促進脂肪氧化、抑制脂肪堆積；茶也有抑制消化酵素的作用，所以有助於減肥。當然，茶對於降膽固醇、降血脂、抗癌、降血壓、降血糖等等方面的作用，也都是有科學實驗證實的。

「哇！這麼強！老闆你看吧，是不是大吃大喝沒關係，有喝茶有保庇！」

這不禁讓我想起最近一篇新聞說「西瓜皮有威而鋼的效果」。我不能說它錯，因為瓜皮中的成分能在體內生成的精氨酸理論上是「有機會有幫助」的。只是，得吃多少西瓜皮才有這個效果啊？

喝茶能減肥的概念也是一樣。的確，茶裡面的兒茶素，確實可以促進代謝、抑制體內脂肪累積。但是，它的效果並沒有像你想得那麼厲害，可以在你肆無忌憚地大口吃喝後，靠一罐「茶花」、「油切」，就可以完全「除油」。所以，想要有效，除了喝茶之外，重點還是要忌口、均衡飲食、多運動，才會見效得快。

每一種茶都有效嗎？

上面提到的「兒茶素」基本上茶葉裡面都有，不過未發酵過的綠茶，茶多酚跟兒茶素的含量是比紅茶、發酵過的綠茶來得高的。

請看清楚喔，我討論的是茶葉，也就是用真正的茶葉跟水現泡的茶。至於手搖飲料跟瓶裝茶飲，我就不確定了。

「老闆！你有偏見！」

絕對不是我有偏見。我會這麼說，主要有兩個原因。第一，我相信手搖飲料跟瓶裝茶飲裡一定有茶，但是，有多少？全成分上寫的「茶葉萃取物」、「茶葉抽出物」，到底是什麼？為了做出茶的色澤和香味，色素跟香精加了多少？這些都是喝瓶裝茶的消費者無從得知的。第二，也是更重要的，就是糖分。不要以為「微甜」代表健康又好喝，微甜也是有糖分啊！每天喝含糖茶飲，不知不覺多吸收的熱量，往往就把喝茶的減肥效果都抵銷了。

我把茶當水喝，總會有效了吧？

鄉親啊，萬萬不可啊！

茶裡面除了茶多酚之外，也是有其他成分的，像是咖啡因、茶鹼、單寧酸等。飲用過量，可能會影響消化、容易失眠，所以千萬不要把茶當水喝。

簡單說，茶的確是個好東西，也的確有減肥的功效。但是就如同所有的成分一樣，它並不是萬靈丹。想要有窈窕均衡的體態，千萬不要夢想大魚大肉之後喝罐油切綠茶就見效。除了喝茶之外，記得還是要飲食均衡、規律作息，多運動喔！還有，想喝茶，盡量自己現泡吧！

43 吃不吃膠原蛋白有差嗎？

市面上有許多膠原蛋白的保養品，不管是口服的或是擦的，都有各式各樣的種類讓消費者選擇，近來更是掀起一股旋風，讓愛美女性們為之瘋狂，紛紛搶購。但是，吃這些所謂的膠原蛋白保養品，真的可以補充膠原蛋白？保住青春肌膚，讓美麗不流失嗎？

事實上，有許多食品中本身就含有膠原蛋白，我們只需要從食物中適當的攝取足夠含量就可以補充身體的膠原蛋白了，例如：豬腳、豬耳朵、雞皮等等。

我們整理了關於膠原蛋白，許多消費者最疑惑的一些問題，來為大家解答及破除迷思。

擦的或口服的，到底哪一個有效？

口服的膠原蛋白，不外乎是膠原蛋白粉、膠原蛋白飲、膠原蛋白果凍等等，目前普遍認為這些食物能否發揮作用，還是需要看個人體質，因為所有食物吃進我們的肚子之後，都會被分解成胺基酸，再由細胞將胺基酸合成不同的蛋白質。不過這些吃下去的膠原蛋白，還是可以產生更多可以合成膠原蛋白的成分，同時也增加了協同作用的可能性。

至於擦的保養品，事實上因為膠原蛋白的分子太大，若直接擦在皮膚上，反而無法吸收，市面上這些號稱「擦的膠原蛋白」，主要是增強保濕功能，或是協助上底妝較服貼、不容易脫妝的功效，而對於凍齡或是維持肌膚的彈性，作用並不大。

市面上最近出現穿戴式的膠原蛋白，有效嗎？

最近市面上出現一些號稱富含膠原蛋白的穿戴衣物，穿上就等於同時在保養的新玩意，引起許多人的興趣，紛紛想嘗試看看，但是我們的身體真的能因為穿戴這些衣物，就可以吸收到保養物質嗎？

事實上這是不太可能的，因為就連直接擦膠原蛋白保養品，對於肌膚來說，都很難直接吸收進去，遑論是從穿戴的衣物上得到這些保養物質，不管是衣服或是褲子，得到保養的效果可以說是近乎於零。

在這個五花八門的市場裡，消費者要睜大眼睛觀察，慎選對自己有幫助的產品，切勿聽信誇大不實的宣傳。

44 不可不知的防曬知識

這兩週氣溫超高，大家紛紛往海邊跑，享受陽光的同時，也免不了擔心會被曬黑。每到夏天就表示我又會開始被以下問題轟炸：

「物理性防曬跟化學性防曬怎麼分？」

「SPF係數越高越好對嗎？」

「號稱超防水的防曬乳對皮膚無害嗎？」

「比較貴的防曬，用量可以比較省對吧？」

為了讓大家安心地度過夏日，所以我整理了關於防曬的一些常見問題，希望對大家有幫助。

防曬的基本知識

說到防曬，第一個得談的就是紫外線。陽光中的紫外線，是造成肌膚曬黑、曬傷的主因。到底什麼是紫外線呢？

UV，是紫外線Ultraviolet的縮寫。用比較簡單的說法，想像在彩虹中比紫色更下面，有你眼睛看不到的太陽光。

所有的可見光都是電磁波，只是波長在380到780nm（奈米）的部分眼睛才看得到，所以叫可見光。而紫外線，就是波長比380nm還要短的電磁波。根據波長不同，又分成三種：

UVA（波長315－400nm）

UVB（波長280－315nm）

UVC（波長100－280nm）

電磁波的波長越短，能量越強。所以對肌膚的傷害性，UVC＞UVB＞UVA。

講到這，你一定很害怕，「博士，那怎麼沒有防禦UVC的防曬產品？」

別擔心，大氣層中的臭氧層，會過濾掉大部分的紫外線，所以地球表面幾乎是沒有UVC，只有UVB及UVA，而UVA的量遠大於UVB。一般來說，UVB對肌膚的主要作用是曬傷，而UVA則是曬黑。

SPF、PA是什麼意思？

SPF、PA都是防曬係數的表示法，只是定義不同。詳細的定義很學術，我這裡不多說，大家可以上網爬文。簡單舉個例子解釋：一般來說，在太陽下照射約十分鐘，肌膚即會產生曬紅的反應。若使用某防曬品後，肌膚被太陽曝曬，可以延長到一百五十分鐘後才曬紅，那這個產品的就是SPF 15：延長了十五倍的時間。換個說法，這代表SPF 15的產品，可以阻擋掉(15-1)/15 = 14/15 =93.3%的紫外線。因為紫外線中主要會造成曬紅的是UVB，所以通常我們就以SPF作為防曬產品阻擋UVB效果的依據。SPF是國際公認的標準。

至於PA，則是日本針對UVA防護所制訂的標準，目前分為PA+、PA++、PA+++、PA++++四種，越多+號就表示防護力越高。除了PA外，歐美系針對UVA防護效果的防曬係數表示法也各不相同，IPD、PPD、Boots Star Rating等指數也都是用來衡量UVA防護效果的標準。

物理性防曬跟化學性防曬怎麼分啊？

物理性防曬，簡單說，就是用粉體把皮膚遮起來，不被太陽曬到。主要成分有兩種：氧化鋅與二氧化鈦。你沒看錯，這其實也是礦物粉底的主成分。化學性防曬的原理，則是利用化學防曬劑吸收紫外線，達到防曬的作用。

一般來說，物理性防曬對肌膚比較安全，不易引起刺激、過敏，所以針對嬰幼兒、剛做完醫美療程的人，都建議使用純物理性的防曬。而以往物理性防曬比較容易被詬病的反白、不容易塗抹均勻，這幾年因為技術的進步，已改善許多。

化學性防曬的好處是不悶不黏不膩，而且在劑型上的變化比較多樣。化學性防曬最主要被質疑的，就是可能對肌膚造成刺激。而且，每一種化學性防曬成分，都有一樣的疑慮。所以，不需要把每一個化學防曬成分拿來問我說這個危不危險、OK不OK了。但是，千萬別緊張，也不要把化學性防曬直接判定為十惡不赦。一來這幾年技術的進步，新的防曬成分刺激性降低；再者，我們並不是直接把一〇〇%化學性防曬成分直接塗在臉上，而是使用已經與其他成分調和過的產品。只要產品設計得當，安全性是可以被檢驗和認證的。

不過提醒大家，其實不用那麼糾結在物理／化學性防曬。市面上七成以上的防曬產品，都是同時使用物理性及化學性防曬的，目的就是讓防曬效果更好，使用起來也更方便。

號稱超防水的防曬乳對皮膚無害嗎？

這個問題很有趣。坦白說，防水對防曬很重要，不容易流失，防曬效果才持久。尤其是周末假日進行休閒活動、玩水的時候。但是有兩大問題：一、宣稱防水的，真的防水嗎？二、若是防水真的很強，你怎麼洗掉？

防水的防曬說穿了就是加入類似膠水的成分，使得防曬劑在皮膚上能抗水洗，停留得久一些。請注意，有擦防曬，記得一定要用卸妝產品卸妝，特別是使用用防水效果的防曬產品，確保把防曬產品都清洗掉，以免造成肌膚負擔。

貴的防曬表示可以擦少一點？

曾經遇過一位客人對我說：我買某名牌的防曬乳，每次只要用一顆紅豆大小的量就不會曬黑！雖然一罐要五千多塊，但其實比較划算。

各位，請絕對不要相信貴的防曬乳貴是因為它用量比較省。前面提的SPF、PA數值是在每平方公分皮膚上塗抹二毫克防曬劑時測得的。也就是說如果使用少於這個量，你買的SPF30防曬劑效果可能還不如把SPF15防曬劑塗夠。不管你是買防曬係數多高，買哪個品牌，花了多少的錢，如果擦的量不夠，前面說的都化為烏有了！

一般來說，臉的部分，如果要擦到足量，必須在掌心擠出五十元硬幣大小的量；若是全身的話，大概一次就得擦三十～四十克！如果你買了「貴鬆鬆」的專櫃防曬乳，卻也因此很省用量的話，效果反而不及一般的開架防曬乳，成為冤大頭。另外，勤補防曬也是必須的！以周末戶外活動來說，出門前擦一次，之後每兩個小時補擦一次。若是有下水，更是一小時左右就要補一次，才能確保這層防護罩達到效果。此外，並不是擦了防曬就無敵了！記得，長袖、陽傘、走路走騎樓陰影處等等，都是夏日出門避免曬黑曬傷的祕訣，千萬不要以為擦了防曬，就拚命曝曬在陽光下完全不遮蔽。

45 孕期也能化妝保養嗎？

準媽媽們是非常偉大的，為了寶寶要改變許多生活習慣，不過有時候我也看到孕媽媽因為太重視肚子裡的寶寶而自己嚇自己，在用任何東西之前都怕一個不小心影響到貝比。在美妝保養這一塊，也有不少需要注意的事項，各位知道嗎？

絕對避免A酸！

A酸分為口服和外用兩種；口服A酸主要是用來治療嚴重的青春痘，效果不錯，但副作用也不少，會影響胚胎發育，所以孕婦絕對禁用！A酸也可外用，危險性低於口服，不過為了安全起見，我還是不建議懷孕中擦含有A酸的保養品。此外，保養品中多半是使用維生素A的衍生物——A醇或A酯，主要效果是促進肌膚更新。雖然理論上沒有危險，不過，懷孕期間如果可以避免，就先別用吧！

另外，別把A酸和維生素A搞混了。懷孕期間，適量補充維生素A是必須的，一般綜合維他命或孕婦專用維他命中都有適量的維生素A，正常服用就可以了。請切記一定要聽從專科醫師的指示，千萬不要自己刻意過度補充，是有致畸胎的危險性的。

酸類有效成分盡量避免

近年來，醫學美容盛行，果酸、水楊酸、杏仁酸等都是大家常聽見的明星成分，那到底懷孕期間能不能用呢？基本上，如果只是保養品中使用還好，但不建議到美容中心接受高濃度的換膚療程。

我誠懇的建議，準媽媽不需要為了「能不能用」、「用了會不會有問題」造成心理負擔，雖然這些成分不見得用了就一定會讓寶寶怎麼樣，但是「心裡怕怕」、「驚驚」的情緒，絕對對身體不好！如果覺得使用這些酸類保養品不安心，又怕長斑點，那就先做好防曬，等「卸貨」之後再美白淡斑換膚就好。別忘了防曬液盡量使用物理性防曬，較不容易過敏，或搭配長袖、陽傘協助防曬。

此外，美白成分中的傳明酸，因為具有凝血功能，雖然外用不見得會有影響，但一樣的道理，「不是必需品，何必用了心不安？」懷孕期間就避免使用吧！

到沙龍做臉避免使用儀器

孕期媽媽的膚質改變，難免有皮膚狀況需要求助沙龍、美容師。有聽過一種說法指出，「導入儀、美膚機這些美容儀器功效雖然各不相同，但多半都是透過微電流來給予皮膚刺激。這種微電流對我們大人而言，只會覺得皮膚上刺刺或癢癢的一陣，但是對胎兒——尤其是懷孕三個月以下的胚胎，卻是嚴重的影響，嚴重則可能導致流產，不可不慎。」

坦白說，這個說法我不能說他沒道理，但因為缺乏實測數據跟文獻報導，也不能肯定用了一定有危險。但是，跟針對一些可能有疑慮的保養成分一樣的概念：「不是必需品，何必用了心不安？」懷孕期間就避免使用吧！

指甲油和彩妝

除了保養注意事項，那化妝品呢？事實上，化妝品中奇奇怪怪的化學物質比保養品更多，對肌膚跟身體影響也更大。不過要準媽媽們熬過九個月不上妝，大概有很多人做不到。請記得盡量避免眼影以及口紅，簡單說，就是有防水、不易脫落的彩妝品都不要用。因為要做到防水不脫妝這件事，靠的都是化學物質，而這些化學物質，多半對人體都是有不好影響的。

此外，指甲油以及去光水，我強烈建議懷孕期間能不碰就不碰，因為裡面實在太多有危險性的化學成分了。

指甲油裡有什麼毒？

市售的指甲油顏色鮮豔飽和，又防水又持久，想也知道不會是什麼單純無害的物質。要讓指甲油的顏料緊緊貼附在指甲上，一般成分大致都要有四大類：塑形劑、成膜劑、顏料、溶劑。其中比例最大、最不可或缺的就是溶劑了，為了要讓顏色均勻又快乾，指甲油所使用的溶劑一定都是有機溶劑，也就是不可能完全無毒無害的。

早期的指甲油常常使用甲醛、甲苯、DBP（一種塑化劑），但是這三種物質卻是非常不適合用在日常用品當中。甲醛是已知的一級致癌物、甲苯在製備過程中會產生的苯氧化物具有強烈肝臟毒性、DBP則是環境荷爾蒙，會影響生殖功能。因為如此，這三項物質現在在美妝產品界被稱為「Toxic Trio 毒物三重奏」，或乾脆是「Big 3三巨毒」。如果在國外購買指甲油看到標示著「Big 3 FREE」，指的就是不含這三種化學成分。

不過，事情怎麼可能那麼簡單呢？甲醛、甲苯、DBP的確不好，不過指甲油要添加它們，可不是因為廠商心情不好故意想毒死你，而是有非加不可的原因。甲苯是很有效的溶劑、DBP是塑形劑、甲醛除了是溶劑外，也可以讓指甲變得更堅硬。如果指甲油想要做到「Big 3 FREE」，就要把這三項成分換掉，改用其他的成分。換成什麼呢？很抱歉，還是有機溶劑，它們會比甲醛、甲苯、DBP來得安全，但也不可能完全無毒。所以，千萬不要看到「XXX FREE」就認為百分百無毒、安全，使用時還是要注意：在通風處使用、不要沾到肌膚其他地方。

指甲油有毒，去光水也不是好惹的

別只說指甲油有毒，用去光水卸除指甲油的危險，可一點都不小於把指甲油塗上去。可以卸除指甲油的有機溶劑有很多，但不是每一種都可以用在人體的：甲醇（methyl alcohol）、乙腈（acetonitrile）都是毒性強烈到被禁用的成分，而前面提到「毒物三重奏」的甲苯（toluene）雖然容易產生有毒的苯氧化物，不過依法還是可以添加到二五%。一般來說，市面上販售的去光水，大半是使用甲苯和丙酮（acetone）。近年來，也有些品牌標榜acetone-free，使用其他的有機溶劑取代，號稱溫和不刺激。

不過很遺憾的，這裡要告訴大家：有機溶劑就是有機溶劑，不管是哪一種，都不可能是完全「溫和、無毒、不刺激、不傷肌膚」的。

以下是幾個常見的迷思：

一、這罐去光水有「添加維他命E」，比較溫和吧？

加維他命E當然很好，但是，去光水就是去光水啊。就像可口可樂就算哪天添加了鐵質，也不會從此有助新陳代謝還預防骨質疏鬆。去光水不會因為加了維他命，裡面的有機溶劑就變得溫和不刺激。

二、這罐去光水寫「acetone-free 無丙酮」，很安全吧？

以往的去光水之所以會用到丙酮，是因為要溶解掉指甲油。也就是說，如果不加丙酮，一定就是改加了別的有機溶劑，有比較好嗎？舉個例子，有種有機溶劑，味道不嗆、聞起來感覺比酒精跟丙酮都舒服，還不會讓指甲變白。這成分聽起來很好吧？答案揭曉，是甲醇，是禁用的。為什麼呢？因為它有毒，還是致癌物。

三、這罐去光水不會溶解保麗龍，一定很溫和！

大錯特錯！去光水會不會溶解保麗龍，跟它溫不溫和、安不安全，一點關係都沒有。有些去光水會溶解保麗龍，主要是因為丙酮本來就可以溶解保麗龍。但是換一個不會溶解保麗龍的，就比丙酮好嗎？有一種成分很好用，又便宜，不嗆鼻、不溶解保麗龍，還不會讓指甲變白，很讚吧？沒錯！又是甲醇，妳要用嗎？

給點希望吧，沒有天然無害的指甲油嗎？

之前講「植物性染髮」的時候看到網友留言：「給追求天然保養的人們一些希望吧！」讓我不禁想，雖然還是有些產品盡可能地做到溫和無毒，但是這類產品一定很難大賣。為什麼呢？因為沒有雙氧水的植物染髮劑，顏色撐不過幾次洗頭；同樣的，減少有機溶劑的指甲油，也不可能塗得平整滑順，或是撐上幾天還不剝落。

只要是可以改變顏色樣貌、又持久不輕易褪色的東西，基本上都不可能和「無害」扯上關係的。懷孕哺乳中的媽媽還請三思，能不用盡量不要用，以免擔心受怕。

第3篇

居家清潔的化學常識

46 要小心的家用清潔劑成分

先前環保署抽測市售洗衣、洗碗精，結果總體來說雖然環保標章產品較好，但有部分標註環保標章的產品，被發現不合環保標章規範。其中，超標的乙氧烷基酚會影響生殖功能、小朋友發育，過多的防腐劑則會刺激黏膜，大量曝露甚至會致癌。這新聞一出，我想大部分主婦都會覺得恐懼緊張；清潔劑到底該怎麼挑選？

有沒有百分百安全的清潔劑？

這讓我想起之前讀過一則案例：一名法國二歲男童的爸媽將床單、窗簾等等全部送洗，但疑因衣物殘留有毒的乾洗溶劑「四氯乙烯」，導致小朋友吸入四氯乙烯釋放出來的化學氣味後，在睡夢中窒息死亡。

我們每天都會使用餐具用餐，使用完之後一定會用洗碗精清洗；身上穿的衣物、家中的廚廁，都需要使用清潔劑。如果清潔劑中有有害物質，就會直接穿上身、吃下肚！

難怪大家要這麼緊張了。

不過，我一貫的概念是：恐懼來自於無知。如果知道「清潔劑」中到底使用那些成分？這些有害成分是為什麼添加？有沒有替代用品？自然就不會那麼恐懼了。

清潔劑中有些什麼成分？

清潔最主要的成分，當然是界面活性劑了。並不是所有的界面活性劑都有害，其中對人體有危害，應該禁用的，最主要是乙氧烷基酚／壬基酚，這部分可以參考本書第二十篇文章。其他清潔劑中有爭議的成分，列在下面：

軟水劑：因為自來水當中鈣、鎂離子濃度過高的話會影響清潔效果，所以清潔劑會加入可去除鈣鎂離子的成分，像磷酸鹽類（三聚磷酸鈉，Sodium Tripoly Phosphate, STPP）、氨三乙酸（Nitrilotriacetic Acid, NTA）、二胺四乙酸（Ethylene Diamine Tetraacetic Acid, EDTA）等。但是，這些成分對於環境影響很大，磷酸鹽類排入環境中，容易造成湖泊、河川的優養化，使水中藻類與浮游生物大量繁殖，造成惡臭及懸浮固體增加，也會有缺氧等水質惡化現象產生；而NTA和EDTA則是因為對金屬的螯合性，會導致河川、湖泊中重金屬濃度增高。所以在推動環保標章的國家，這些成分是禁用的。例如英國在二〇一五年即將禁止販售含磷酸鹽的家用洗衣劑，不過台灣目前尚未有法規限制清潔劑中添加磷酸鹽。

螢光增白劑：沒有清潔效果，只是操縱光線反射，讓衣服看起來更白。有些號稱一洗立刻亮白的洗衣劑，就有可能是添加了螢光劑，讓人誤以為褪色、泛黃的衣物洗完後有鮮豔潔白的錯覺。這是根本不必要的，真的不該過於追求這些沒有實際意義的效果。

甲醛：是一種刺激性物質，也是致癌物質，雖然添加在清潔劑中可以防腐、殺菌、消毒，但以其毒性而言，在民生清潔劑中應該要嚴格禁用。這次衛生署抽驗「環保標章」產品，竟然有產品被驗出有甲醛，而衛生署還為其緩頰，說「雖檢出但符合國家標準，只需塗銷環保標章，不需下架」，真的是不可思議。

四氯乙烯是什麼？怎麼會有致死的案例呢？

前面文中所提到害法國男童死亡的「四氯乙烯」（Tetrachloroethene），其實就是「乾洗」時的洗劑。因為四氯乙烯可以溶解油污、又容易揮發，所以主要用途是乾洗衣物及金屬除油。

四氯乙烯的毒性相對來說是比較低的，長時間高濃度接觸，有致癌的可能，但絕對不會造成立即性的死亡。根據學者及醫師的推判，法國男童可能原本就患有呼吸道或其他的疾病，在睡夢中吸入大量化學物質而引起併發症。大家可以不用恐慌，一般不會因為衣服送乾洗就猝死，不然長期在乾洗店工作的員工們，不早就死光了！但是，乾洗後的衣服拿回家，應該放置通風處，讓衣物上殘留的四氯乙烯散去後再收進衣櫥，比較安全。

不論是清潔劑，還是四氯乙烯，都已經是日常生活幾乎不可避免會用到的化學品。與其一味的害怕、恐慌，不如張大眼睛，看看標示，有有害成分的商品就不要買，（你們現在可以體會，我每次都把中英文名跟英文縮寫全部寫出，並不是為了占篇幅，而是希望大家可以用原文去認清成分了吧！）同時學會正確使用方式，保護自己。至於「環保標章」，雖然不是百分百可信任，但至少比其他沒有環保標章商品來得好一些，所以還是請認明有環保標章的商品購買吧！

47 洗手乳、沐浴乳都要抗菌？

「三氯沙致癌」這個考古題，最近又上了新聞版面了；朋友問我：「幾年前大廠牌的抗痘洗面乳、抗菌洗手乳不是都會標榜『添加Triclosan』，好像它是一個多厲害的成分，可是這幾年產品反過來標示『不含三氯沙』，好像這是一個有害的成分！難道這兩個東西不是同個東西嗎？」

其實三氯沙就是Triclosan，有時候也叫做「三氯生」或「玉潔新」，它廣泛被使用在生活用品當中。一個有名大廠、大品牌這麼常用的成分，不可能是非法的，也幾乎不會對人體有立即性危害；不過它是好是壞，的確有好多不同的論述，為什麼呢？

三氯沙是什麼？

三氯沙是一種廣效性的殺菌劑，不論是大腸桿菌、金黃色葡萄球菌、念珠菌、黴菌都能對付，甚至可以破壞病毒，所以被廣泛用做防腐劑，以及訴求抗菌產品當中。牙膏、漱口水、洗手乳、沐浴乳、洗衣精、抗痘產品……中都常見，臉部保養品倒是不常使用。

三氯沙到底有沒有毒？

三氯沙，直接吃下去是一定不行的。但如果是外用的話，我們先來看看FDA、歐盟怎麼說。根據衛生福利部食品藥物管理署的公告，台灣跟歐盟、美國的標準是一樣的：三氯沙是可以合法使用的，添加限量為〇．三％。

三氯沙的小鼠口服半數致死量LD50大於5000mg／kg，算是低毒性物質；但是也的確有在動物實驗中觀察到，長期餵食三氯沙的老鼠，有肝臟纖維化及癌症的可能性。有些研究指出，三氯沙可能會干擾動物的荷爾蒙調節，是一種環境荷爾蒙。但目前的確沒有明確證據指出，在規定的〇．三％限量下，會對人體有危害。

不過，三氯沙可能和自來水中的餘氯反應，生成氯仿（chloroform）。氯仿就是一種很明確的致癌物了。雖然以外用來說，接觸時間產生的氯仿非常非常微量，理論上也不會對人體有影響。但是誰也不敢說可能性是零就是了。

我們真的需要三氯沙來洗手嗎？

添加三氯沙的產品，大部分是訴求抗菌。不過，添加三氯沙的抗菌產品，跟一般產品比起來，真的有比較抗菌嗎？答案倒是不一定。只要好好的洗手、洗澡，其實有沒有使用「抗菌」產品，差別真的沒有很大。

再來，我們真的需要那麼多「抗菌產品」嗎？除非你是需要高度注重手部清潔的工作者（像是醫護人員），不然實在沒有必要使用抗菌洗手乳啊！或許這才是真正的問題所在。

對環境的衝擊

雖然目前還沒有明確證據可以證實對人體的負面影響，不過三氯沙強大的殺菌力確實會威脅到環境生態：含有三氯沙的產品進入水域，可以消滅水中微生物，也會直接對藻類帶來衝擊；並且，三氯沙在某些環境下也有生物累積性質，影響水域中較高層的物種。

此外，就跟濫用抗生素之後造成抗藥性一樣，目前也開始發現有些細菌已經不怕「三氯沙」了！如果繼續濫用下去，會不會有一天真的有抗菌需求的時候，沒得用了嗎？

總而言之，雖然使用三氯沙對人體沒有立即危險，也有極佳的抗菌效果，所以手邊還有產品正在用的，不必驚慌；不過考量對生態的衝擊以及必要性，我建議只有在真的有需求的時候（嚴重的青春痘、牙菌斑、手部殺菌），再來使用抗菌產品吧！

48 防蟎洗衣精

二〇一六年三月的天氣真的是很有趣，熱了一整個冬天，沒想到突然幾波寒流過境，然後春天就來了！季節更迭時期，大家來猜猜，本週辦公室團購的主角是誰？

答案是：「抗菌防蟎洗衣精！」

「老大，市面上的抗菌防蟎洗衣精，是什麼成分讓它可以殺菌啊？」

「對啊，看之前的洗衣精文章，只有解釋界面活性劑，都沒有解釋到抗菌……」

「蛤～該不會是什麼殺蟲劑或是農藥之類的吧！」

嗯，這一題還真的沒有簡單不複雜的答案。

標榜「抗菌殺蟎」的洗衣精，其實可能含有百滅寧、三氯沙等成分

先前提過了清潔劑的相關知識，有關界面活性劑與清潔原理的內容，在此不再多說，今天聊的是洗衣精中強調的殺菌、殺蟎功效，而讓洗衣精可以有此功效的成分，較

常見的是百滅寧（Permethrin）或是三氯沙。

百滅寧，看名字很恐怖耶，那是什麼？

先說說百滅寧，百滅寧屬於除蟲菊精類（pyrethroid）的殺蟲劑，對人類和多數哺乳類動物的毒性較低，不過對於昆蟲類的殺滅效果極佳，由於不同動物對此成分有不同的毒性反應，所以一般室內的殺蟲劑中皆含有此種成分。

另外，由於對蟲類的毒性強，百滅寧也通常是農藥的成分，是一種常見的環境用藥。根據台灣的食品衛生管理法，百滅寧在各作物中的殘留農藥容許量為0.05-10ppm，所以請注意！它並不是一個完全不能用的成分，而是使用劑量的問題。

建議內、外衣分開洗滌

尷尬的是，台灣的法規對於洗衣精的成分規範並沒有規定到底哪些是可以添加的殺蟲成分，更不用提規定這些殺蟲成分的劑量，到底添加多少以下才算合理。所以這一塊，在台灣的法規的確是灰色地帶。不過，根據美國環保署（EPA, Environmental Protection Agency）的相關資料，由於百滅寧在衣物上准許的使用劑量很低，所以因衣物殘留而危害人體的風險很小。不過網站有明確提到，防蚊蟲的功效通常是外衣才需要，建議內衣衣物與外衣分開洗滌，避免內衣接觸到這些成分，長時間貼身接觸提高風險。

再來說說三氯沙，它是一種廣效性的殺菌劑，可以對抗包含大腸桿菌、金黃色葡萄球菌、念珠菌、黴菌，甚至可以破壞病毒，所以被廣泛用做防腐劑，以及訴求抗菌產品當中。關於這種成分的論述，上一篇也討論過。

所以，法規上沒有明訂，我們到底該怎麼辦？

我想說的是，請各位稍稍思考洗衣服的「清潔」對你來說的定義是什麼？是要去除油污、髒污？還是要做到完全殺菌抗蟲？如果只是前者，那其實有界面活性劑的肥皂就夠用了，如果真的需要做到抗菌殺蟲，那請務必了解化學成分背後的風險與代價。如果想避開這些強效的抗菌、殺蟲成分，那選購的時候請避開強調這些功效的相關商品。

如果沒有殺蟲劑，有其他方法可以抗蟎嗎？

方法還是有的，簡單的說就是保持「乾燥」與「乾淨」。乾燥的部分請經常使用除濕機或是冷氣的除濕功能。乾淨的部分則是經常清掃家中環境的皮屑、毛髮；被套、床單、枕頭套或是玩偶，也要定期用五十～六十度C的熱水加一般清潔劑先浸泡後再清洗，洗淨後搭配烘衣機烘至六十度以上也很好。

雖然聽起來要做的家事變多了，不過如果真的想完全避開化學成分，這是各位的另一個選擇！

49 你家的洗碗精有致癌甲醛嗎？

看到這個調查「台大調查：市售半數洗碗精含甲醛」，我還以為又要掀起一陣媒體風暴了！畢竟甲醛可不是什麼善良無害的東西。實際上，我認為這件事情是滿值得討論的，至少比什麼農藥毒茶、煮白飯加藥水還重要多了。

我想一定有人會問：「一半的洗碗精都有加甲醛，意思是……甲醛是必要的囉？它對人體有那麼大的影響嗎？」

首先要說明的是：甲醛是有毒的。即使是曝露在少量的甲醛當中，眼睛口鼻都會感到刺激，大量的甲醛就會造成疼痛、嘔吐，也可能會造成懷孕婦女的胎兒缺陷。日常生活中我們最常接觸到甲醛的情境就是二手菸、家用清潔劑、新裝潢好的屋子等等，在這些地方會覺得鼻子跟眼睛不舒服，就是甲醛所造成的。此外，甲醛也是國際癌症研究中心（IARC）認定的「第一級致癌物」，也就是有明確致癌性的物質。所以，擔心日常生活用品中含有甲醛，絕對不是小題大做。

那，既然廠商也知道有毒，為什麼還要在產品中使用呢？

洗碗精裡為什麼要有甲醛？

其實，大部分的廠商並沒有直接添加甲醛。會造成洗碗精中檢測出甲醛殘留，主因可能是一群被稱為「甲醛釋放劑」的防腐劑，溶解後釋放出甲醛。像是Quaternium-15、DMDM Hydantoin、Diazolidinyl urea及Imidazolidinyl urea等。

「那明知它們會釋放甲醛，為何還要使用在產品裡呢？」

這是因為一旦洗碗精開瓶之後，隨著內容物減少，空氣裡的細菌也就隨之進入瓶子內部，可能就會造成細菌孳生，污染剩下的洗碗精。而甲醛有殺菌防腐的功能，於是這些「甲醛釋放劑」釋放的甲醛，恰恰可以做為空氣的防腐劑。所以說在洗碗精裡頭發現甲醛，算是可以理解的，並不是像蝦仁泡磷酸鹽那樣，是完全不必要的惡質行為。

甲醛不能算是「必要之惡」

「博士不是常常在強調『必要之惡』，這麼說甲醛也是囉？」

我不這樣認為。甲醛用在日常用品當中，毒性實在太強了，其實有不少的防腐劑可以替代「甲醛釋放劑」，避開釋放甲醛的問題。

既然如此，為什麼只有一半的廠商採用無甲醛的方案呢？主要有兩個原因：一個當然是成本跟防腐效果的考量；再者就是，就法規面來說，這些「甲醛釋放劑」，都是可以合法使用的。

雖然這些「甲醛釋放劑」合法，釋放出的甲醛也很微量，但我不認為這是必要之惡：因為有不少其他防腐劑可以替代。為了避免受到傷害，購買清潔用品前，還是花點時間看看全成分表，避開這些「甲醛釋放劑」吧！

怎麼樣知道我家的洗碗精有沒有甲醛？

你可以看看你的洗碗精包裝，如果成分表中含有Quaternium-15、DMDM Hydantoin、Diazolidinyl urea及Imidazolidinyl urea等成分，那就會溶出甲醛。另外，台灣的「環保標章」對家用清潔劑的甲醛含量是有規範的（不得超過15ppm），大家也可以盡量選購有標章的產品。不過話說回來，如果是外食的話就完全無法判斷了。

在寫這篇文章的時候，同事問我：「老闆，那你家都拿什麼牌子的洗碗精洗碗？」我的答案可能會讓大家覺得很無聊、很老派，因為我家都是用黃豆粉洗碗的！原因很簡單：因為黃豆粉沖不乾淨，頂多是碗上面有殘留一點硬塊，雖然不好看，但是沒有風險。洗碗精當然比較方便，洗得也乾淨，但總是不免會有一些令人「驚奇」的成分，是我一點都不想吃進肚子裡的。因此選用我熟知而又成分單純的物質，對我而言比較安心！

50 檸檬酸、橘皮精華就沒問題？

每當歲末年終時，照例，辦公室團購出現了各式各樣的清潔劑……

「這瓶很厲害耶！去年幫我媽清廚房，這瓶一噴就ＯＫ了！還有這瓶洗馬桶超好用喔！」

「你那瓶有鹽酸，不好！我介紹你一個牌子是用天然檸檬酸。」

「真有那麼好嗎？說不定騙人的。」

「吼！不相信我！不然來去問老大！」

於是我又被召喚了！看大家每次問：「這真的是天然環保嗎？用了不會有問題嗎？」明明是申論題，卻要求我給出是非題的答案，老話一句，問題當然沒有這麼簡單。

大掃除的重中之重，絕對是廚房、浴室，不少清潔品也是瞄準這兩個「一級戰區」，紛紛強調功效。到底這些標榜強效的廚房浴室清潔品，跟一般的清潔品有什麼差別呢？使用時又該注意什麼地方？

清潔用品中的主角，依舊是界面活性劑。不過，不管你選擇了誰，有一件事是必須的：使用時記得戴手套！

會特別強調，當然是因為這真的很重要！比起洗頭洗澡洗身體的產品，廚廁清潔劑裡的界面活性劑濃度高得多，這也是為什麼清潔效用強上許多。要是接觸到皮膚，可不只是洗洗手那麼簡單。想想看，可以洗去廚房油污、洗去浴室污垢清潔劑，絕對可以把皮膚上的油洗得乾乾淨淨，一滴不剩。然而，皮膚過度清潔的結果，就是會引起乾澀、紅腫、過敏。所以，要使用強效清潔劑清洗廁所、浴室，一定要記得帶手套！

不只界面活性劑，清潔劑中的其他成分也很犀利

當然，只靠界面活性劑，是沒辦法完全解決廚房、浴室的污垢的。所以，清潔劑當中還有其他的添加成分，一般來說較常見的有酸類、鹼類和有機溶劑。

酸：不少廚廁清潔劑裡都有加入酸性成分，像是鹽酸、磷酸等等。酸類的作用，可以幫忙溶解廚廁中污垢與自來水中的礦物質形成的水垢、皂垢、尿垢；此外，大部分通水管的產品，裡面也都含有強酸，幫忙溶解阻塞物。

鹼：在廚房中的污垢大多含有油的成分，運用鹼性物質與油脂進行皂化反應轉化成皂，就容易清理了。油脂只要遇到鹼性物質，就會產生皂化反應，這其實就是肥皂的製

造原理。廚房清潔劑中，含有強鹼，可幫助分解油脂，讓皂化後的油脂易清理。小蘇打（碳酸氫鈉）可以清除油污，就是因為小蘇打是屬於鹼性。

有機溶劑：為了幫助油脂溶解，廚房清潔劑中也會加入酒精、丙二醇等等有機溶劑，幫助油脂溶解。

不管是酸、鹼，還是具揮發性的有機溶劑，使用時請特別注意不要沾到肌膚，也要記得注意通風，以免造成頭暈、身體不適等症狀。

天然的尚好？

「那最近很紅的橘皮精華、檸檬酸清潔劑呢？」

其實橘皮精油、檸檬酸、白醋的去污原理，也是一樣的：白醋、檸檬酸是酸類，橘皮精油含有有機溶劑（檸檬烯）。這些天然成分當然都具備去污能力，但是別忘了，酸就是酸、有機溶劑就是有機溶劑，所以使用時還是一樣要記得：戴手套、保持通風。別因為它們是含有水果萃取的清潔劑成分，就對他們掉以輕心，畢竟清潔劑中這些成分的劑量，和水果當中的劑量可是天差地遠的。

對症下藥最重要

家裡的污垢隨著場所不同，污垢的種類也不一樣。所以在選擇清潔劑的時候，請記得對症下藥：要清廚房油污，就該選擇廚房清潔的產品；要清浴廁的水垢、尿垢，也該選擇對應商品。千萬不要認為只需買一瓶超強清潔劑，可以一瓶洗全家，相信我：這是不可能的！選錯清潔劑，功效不佳也就罷了，如果因為效果不好，使用過量，在過年時造成居家環境污染，情況就嚴重了。

51 科技泡棉越洗越小……

公司的團購全年無休，從衣、包、鞋，到衛生紙、零食，幾乎每周都有新的團。這周的團是「科技泡綿」。

「老大，這很讚耶！不用清潔劑，只要沖水，就可以把碗洗得乾乾淨淨，而且會自己分解、越用越小，不會產生垃圾！是不是很環保、很方便？」同事們慫恿著我加入他們幫忙湊單。

嗯，聽起來的確是很方便。看著興高采烈的同事們，我忍不住說了一句話，頓時全場目瞪口呆：「你們知道，所謂科技泡綿，其實是三聚氰胺做的嗎？」

沒錯，就是二〇〇八年，造成中國旅客紛紛到境外搶購奶粉的「毒奶粉事件」的主角——三聚氰胺。

科技泡綿為什麼這麼神奇，不用清潔劑就能去污？

三聚氰胺的英文名稱是melamine，是一種有機化合物，又稱作密胺或是蜜胺，是製造三聚氰胺甲醛樹脂（melamine-formaldehyde resin, MF，又稱「密胺甲醛樹脂」、「密胺樹脂」）的主原料之一。

「這種萬惡的毒性物質怎麼可以拿來洗餐具！」

嗯，這樣的說法並不是很正確，犯了我在專欄中常提到的一種錯誤：「不要一面倒的認為有『完美無瑕』或『十惡不赦』的化學物質」，我們有幾分證據，就說幾分話。

沒錯，三聚氰胺的確是毒奶粉事件的主角，不只在中國，在美國也發生過不肖業者把三聚氰胺混充在寵物食品內。三聚氰胺雖沒有立即性的毒性，但長期攝入，的確可能造成腎結石、鈣化，甚至腎衰竭等相關腎臟病變，對嬰幼兒來說，更有可能造成生命危險。

不過，就像很多「本來就不是拿來吃的」化學物質一樣，三聚氰胺其實在生活中經常出現，主要是用在製造板材、塗料、模塑粉、紙張等，還有平價餐廳常見的「美耐皿」。

科技泡綿是由三聚氰胺甲醛樹脂發泡製成的。而科技泡棉之所以能夠去污，是因為發泡之後纖維很小，又具有一定硬度，能夠進入容器表面的縫隙中，把污垢、油漬的分子刷出來，再加上洗碗時會沖水，刷出來的油污就被水帶走了。因為完全是用物理方式去除污垢，所以不需要使用洗碗精。至於會越洗越小塊，是因為用來製造科技泡棉的三聚氰胺甲醛樹脂會略溶於水，所以科技泡棉也會越洗越小塊。

使用科技泡棉，需要注意哪些事？

有些媽媽很擔心洗碗精殘留對人體的危害，對於使用清潔劑深惡痛絕，於是使用科技泡棉的確是個替代方案，不用清潔劑也可以達到清潔的效果。不過不少人為了增加去油效果，會使用熱水搭配科技泡棉洗碗，就不建議了。因為高溫會讓三聚氰胺由科技泡棉中釋出，若是殘留在食器上，也是有隱憂的。

所以如果要使用科技泡棉，建議用一般自來水就好，不要用熱水，也別在鍋子還未降溫前，就拿科技海棉去刷洗。用科技泡棉刷洗完的物品，請務必要沖洗乾淨，並且，不要用科技泡棉刷洗蔬果的表面。

還有，有些人會覺得科技泡棉很方便，就試著拿來洗臉、卸妝，這真是萬萬不可啊！因為科技泡棉的細小銳利的纖維會刮傷肌膚，造成很多的小傷口，導致紅腫。

勿過度緊張：三聚氰胺不能拿來吃，不代表不能拿來用

聽了這些資訊，公司同事臉上全都是驚嚇的表情，好像原本的洗碗神器瞬間破滅。

不過，大家真的沒必要那麼緊張：會覺得三聚氰胺聽起來很可怕，是因為二〇〇八年中國大陸的毒奶粉事件。三聚氰胺的確萬萬不該添加在食物之中，但這不代表三聚氰胺做的東西就完全不能使用。對於成人來說，只要不是巨量攝入，正常喝水就可以將三聚氰胺排出體外的。

還是兩句老話：第一，毒性，是由劑量決定的，千萬不要看到黑影就開槍；第二，要不要用，在了解相關知識後，主要還是看個人的考量。如果你一心追求的是「天然、無毒、環保」，那科技泡棉當然不是你的選項。但只要搞清楚其中的原理，以及正確的使用方式，科技泡棉仍不失為讓生活更方便的工具。

52 酒精、漂白水、光觸媒哪個殺菌效果好？

最近真的很奇怪，一早九點剛進公司，就聞到空氣中飄來陣陣酒味……

「老大，不是大白天喝酒啦！是用酒精消毒啦。」

被稱為「新SARS」的MERS在韓國爆發，引起台灣人高度關心，大家心頭浮現的，都是十幾年前SARS時的景象：人人戴口罩、群眾集會全部取消……當然，更少不了幾乎人人必備的乾洗手和酒精。加上進入腸病毒好發的夏季，家中有小朋友的家長們更是神經緊繃，深怕哪天帶小孩出門，旁邊的路人打個噴嚏噴個口水，回家孩子就中鏢。於是酒精似乎成了人手必備的「保命靈丹」！然而，市面上的消毒產品五花八門，大家也搞不清楚各種殺菌消毒產品的差別，導致我一直被同事問：

「老大！我用肥皂洗完手之後，還需要用乾洗手嗎？」

「老大！電視說漂白水消毒效果比酒精好，真的嗎？」

「老大，廣告說光觸媒可以清除九九．九％的細菌，所以用了就不怕MERS嘍？」

唉……殊不知各種消毒產品的能力並不能簡單用「殺死九九．五％細菌」、「殺死

九九．九%細菌」來比較，而是它們能應付的髒東西不一樣，使用場合也不同。我的專業領域不是醫學而是化工，雖然沒辦法告訴你用了這些消毒產品能有多安心，但至少可以跟各位分享每種產品的殺菌原理，對哪種細菌比較有效，讓大家知道該選擇在不同場合什麼武器來應付各種病毒細菌。

酒精殺不了諾羅病毒、腸病毒

酒精是最常見、最實用也最方便的殺菌工具了，打針、抽血，用酒精棉球消毒；許多餐廳、醫院的出入口，都會設置七〇～七五%的酒精，讓大家清潔雙手；媽媽帶小朋友出門，一定要塞一瓶的凝膠狀「乾洗手」，也是利用酒精殺菌的一種產品。七〇～七五%酒精之所以可以達到殺菌的效果，是因為可以深入細菌內部，讓細胞脫水，同時凝固蛋白質。

「老大，那我用九五%的，效果一定更好嘍！」大錯特錯啊，九五%酒精濃度太高，會瞬間把細菌的外殼給凝固，酒精就沒辦法繼續深入細菌內部了，無法完整殺死細菌；酒精濃度太低，無法有效讓細菌脫水，效果也不好。總之七〇～七五%的酒精濃度剛剛好。所以千萬不要再跟我說，「老大，我喝酒是為了殺死腸病毒耶。」一來濃度根本不夠，二來，酒精對病毒，不見得有效。

「什麼！老大你剛剛不是說酒精殺菌效果很好嗎？」

對，酒精對於「細菌」的效果是很好的，但是對於「病毒」就不一定了。有些病毒沒有脂質外殼，或是外殼比較厚，酒精就無能為力了。例如家長最害怕的腸病毒、諾羅病毒，都是酒精無法處理的病毒！

漂白水：對細菌、病毒都有效，但不要直接用在身體上

先前諾羅肆虐的時候，衛生署疾病管制局提醒大家：諾羅病毒耐性高，「清潔標準要更嚴格，例如使用氯系漂白水稀釋液」。這是因為諾羅病毒、腸病毒等病毒都沒有脂質外殼，所以酒精是無效的，但是靠漂白水中的次氯酸鹽就能消滅。

次氯酸鹽是一種強效的氧化劑，這也是漂白水之所以可以漂白衣物的主因：把髒污直接氧化掉。對於細菌和病毒，氯系漂白水的作用也是直接把蛋白質氧化分解，達到殺死細菌、病毒的效果。使用的時候，把含氯的漂白水稀釋一百倍就ＯＫ了。但是以過氧化氫為主要成分的漂白水，可是沒有這種效果喔！

請特別注意：漂白水對於人體的皮膚、黏膜可是有刺激性的，不像酒精那樣安全，使用時不要長時間接觸皮膚、黏膜。所以稀釋漂白水主要是用來消毒環境的，拿來清潔雙手不太適合。

市面上也可以買到「微酸性次氯酸水消毒液」，原理跟漂白水一樣，但是因為是直接使用次氯酸，理論上來說，次氯酸會在很短的時間內達到氧化殺菌的功效，然後自行分解：幾秒內就幾乎是水了，吃下去也沒關係，可以直接用在皮膚，甚至餐具、食物上。

強力消毒又對人體無害不刺激，聽起來是不是覺得很美好？事情當然沒那麼簡單！次氯酸水的優點跟缺點都是來自於它實在太會氧化了，非常不穩定，所以不耐久放。若買了一大罐次氯酸水，放進櫃子幾個月，沒等到拿來殺菌，早就自己氧化光光，失去殺菌效果了！所以，請記得不要囤貨，要用新鮮的！

光觸媒：連黴菌芽孢也能殺死——前提是要拿去曬太陽

另一個讓人感到神奇又困惑的消毒材料則是「光觸媒」，廣告寫的超神奇，好像只要噴一噴，再開個燈讓光照一下，細菌就死光光了；或是光觸媒的冰箱，似乎讓人覺得食物放進去，就永垂不朽……不是，是不會變壞了。

對不起，一句老話，世界上還沒有這麼好的事。

光觸媒殺菌的原理是「吸收光線能量、分解有機物質」，最常見的是二氧化鈦（TiO2）。光觸媒的確有能力將有機物強力分解，包括細菌、病毒等等所有的病原體、芽孢，因此理論上的確可以達到殺菌、脫臭、防霉的效果。

但有一個重要的前提——要有光。而且得要是「夠強的光」！波長得在388nm以下。

「老大，388nm的光，是什麼顏色的啊？」

不好意思，我還真的不知道，因為根本看不見。

「什麼！」

我真的沒騙你。波長400nm以下，稱為紫外線，388nm當然是紫外線，就不是可見光了。看不見的光，我怎麼知道什麼顏色呢？

一般家裡的照明，是不可能用紫外線的，太陽光之中，也只有五%左右落在這個範圍。所以除非你噴了光觸媒之後，努力曬太陽，或是再用紫外燈管去照射，否則，光觸媒沒有什麼效果的。

光觸媒殺菌的主要應用，是在可以長時間曝曬陽光的地方，或是可以安裝紫外光源的設備，像是空氣清淨機。此外，在醫院的某些空間中，如果本來就有安裝紫外光源殺菌，光觸媒可以加強殺菌效果。你如果買回家，噴在家裡，或是口罩上，很抱歉，真的沒有用。

目前也有可見光的光觸媒正在研發中，但商業應用還很少。所以，還是乖乖找其他方法保護自己吧！

可以不要這麼複雜嗎？

大家最關心的就是：「有沒有一勞永逸的消毒方法，讓我們遠離病菌？」一勞永逸的方法當然沒有，但是要保護自己其實也沒有那麼難，有個簡單實用的方法大家在小學應該就會了，就是勤洗手。用肥皂洗手，殺死病毒的效果，不比酒精差，甚至更好！

家中有小朋友的父母們，如果對於網路上琳瑯滿目的殺菌產品、資料感到焦慮的話，有個最簡單的方法：「問醫生！」或是在疾病管制署網站上查找最新的傳染病應對方法。

要對抗細菌病毒，絕對不是噴噴殺菌劑就夠的，必須要靠大家自己注意各種衛生習慣，才能防患於未然。

53 涼感衣只有在冷氣房才會涼？

之前分享了在賣場洗面乳區聽到對塑膠微粒的危言，其實後來在衣服區，也有一對年輕夫妻正為了涼感衣爭論不休……

妻：「涼感衣現在特價耶！」

夫：「哎，這個不要買啦，又沒有用！」

妻：「怎麼會，我在辦公室穿很涼很舒服耶。」

夫：「你在辦公室穿當然很涼很舒服啊，讓妳感覺涼爽的是冷氣！我一天到晚在大太陽下跑業務，還不是熱得要死，流超多汗……」

嗯，關於夫妻相處之道，我覺得首重……哈！我不是兩性專家，無法告訴大家到底該怎麼跟另一半溝通，不過這段對話中，利用一些科學常識，的確可以為這對夫妻解惑，說不定就化解爭吵了唷！

解惑起手式：首先，來聊聊涼感衣的原理，為什麼可以讓人感覺「涼」呢？

涼感衣為什麼會「涼」？

涼感衣穿在身上覺得「涼」的原理，大概可以分為兩大類：「通風排汗」以及「增加導熱速度」。

「通風排汗」比較好理解，隨著紡織科技進步，利用纖維的改質以及編織方式的不同，的確可以讓衣物更通風、更容易讓汗水揮發。汗水揮發時會帶走熱量，就能讓人覺得涼爽。

至於「增加導熱速度」，我來舉個例子：有沒有發現，同樣是夏天，踩在磁磚地板上會有冰冰涼涼的感覺，而地毯、木質地板則不會。這是因為磁磚的導熱速度比較快，與皮膚接觸時，可以快速把皮膚散發的熱帶走，讓人感受到「涼」的效果。

涼感衣也是利用類似的原理，在布料纖維中加入礦石的粉末。礦石的「導熱速度」比較快，在一樣的室溫下，的確會有比較涼的感覺。尤其是在有冷氣的環境中效果更明顯。所以在冷氣房中，涼感衣的確會讓人感受到比冷氣設定溫度還要再涼爽一些。

涼感衣在室外也會「涼」嗎？

「可是在冷氣房中本來就很涼！在大太陽底下呢？這才是人們最需要涼感的時刻

啊！」

如同我剛剛提到的，礦石粉末的導熱速度快，也就是說，當我們走進太陽底下，礦石粉末溫度也會升得很快，升到與氣溫接近，這時候，「清涼」的感覺就沒有那麼顯著了；這時反倒是「通風排汗」的機能可以發揮作用：如果室外雖熱，但是有風的話，涼感衣還是可以讓我們覺得比較涼爽一些的。

「那如果是三十八度大中午又沒有風呢？」

嗯，那就快找樹蔭躲起來吧！涼感衣不是冷氣機，在無風又高溫的環境下，它可是完全無用武之地的。

涼感衣只有在冷氣房時才會有效？

現在的涼感衣大部分都是結合「增加導熱速度」和「通風排汗」兩種原理，達到加乘效果，有些還加上抗紫外線的技術，增加防曬的效果。布料不是冷氣機，本身是不可能降低實際溫度的，但不論如何，這都是達到「相對涼爽」的感覺。所以，涼感衣是真的有效的，別武斷地說「涼感衣騙錢」。

「可是博士，如果涼感衣只有在冷氣房才會涼，我都在冷氣房裡了，為什麼還要穿涼感衣啊？」

這個問題非常好！請反過來想，如果本來冷氣要開到二十五度才會涼，現在開到二十七度就有二十五度的效果，不是也達到節能減碳的效果嗎？

54 食用油含苯！但空氣中也有？

二〇一六年九月三十日上午，消基會召開記者會表示，在多款市售油品中驗出一、二類致癌物苯，含量超過5ppb（ppb，濃度單位，十億分之一）。

不過當天下午食藥署召開記者會卻說，檢測市售同款油品，結果均低於國內飲用水標準的5ppb，更低於國際間植物油背景值的約150ppb以下。依照現行的法規，食品根本沒有訂定苯的含量標準，主要因苯存在環境中，母乳、汽機車排氣、一般的空氣、土壤中其實都有，「沒有標準，何來超標」強調消費者不必要過度恐慌。

想當然耳，消基會一定會做出回應。十月三日，消基會再開記者會反擊，指責食藥署模糊焦點，要求政府盡速訂定食用油含苯標準……

看到這，大家應該一頭霧水吧？怎麼變成一場口水戰呢？到底誰才是對的呢？別擔心，根據邏輯，提出這個事件真正應該關心的點，然後一樣一樣來分析。

在這次「食用油含『苯』」事件中，有三點是應該來探討的：

一、「苯」到底是什麼？對我們的影響？

二、日常生活中，會接觸到苯嗎？

三、食用油的苯哪裡來的？消基會驗出的濃度到底會不會傷害身體呢？

「苯」到底是什麼？

苯（Benzene, C_6H_6）是一種環狀的有機化合物，在常溫下是一種無色透明液體，容易揮發。苯也是石油化工基本原料，苯的產量是一個國家石油化學工業發展水準的指標之一。工業上最常見做法，是從石油、煤焦油中提煉苯。

苯是一種毒性物質，吸入或皮膚接觸，會引起苯中毒。嚴重的會出現頭痛、噁心、想吐、昏迷、抽搐等等，甚至引起中樞神經系統麻痹而死亡。苯同時也是國際癌症中心（IARC）認定的第一級致癌物質（Group 1 carcinogens），會損害骨髓，使紅血球、白細胞、血小板數量減少，並使染色體畸變，從而導致白血病。

「太可怕了！這麼可怕的東西，竟然出現在食用油中，無良商人、無能政府真是罪不可赦！」

嗯，先別急。我們再來看看第二個問題：日常生活中，會接觸到苯嗎？

「苯」，無所不在！

其實，只要含有碳的物質經過加熱、不完全燃燒之後，都會產生苯。所以，自然界中的森林大火、火山爆發，都會產生苯。日常生活中，汽機車排放的廢氣、烤肉、燒金紙、抽菸，也都會有苯的產生，加油站也會有苯。簡單說，只要你活著，在呼吸，就會接觸到苯。

「謝博士，你是想幫無良商人脫罪嗎？地球那麼大，空氣那麼多，應該都稀釋掉了吧？呼吸吸入的苯，應該很少吧？」

嗯，說實在是真的不多。開車時，每小時大概會吸入40μg的苯；每吸一支菸，大概會吸入55-400μg的苯（美國/歐盟估計值），吸二手菸也會有。有些汽水、果汁使用苯甲酸（benzoic acid）當防腐劑，苯甲酸會和維他命C（ascorbic acid）產生反應形成苯，濃度大概是在10ppb（ppb，十億分之一），大概是每喝下一公斤，會吸收10μg的苯。

「天啊！太可怕了！喝汽水也有！難怪我剛剛覺得頭痛想吐，一定是因為那罐汽水……」

嗯，到底是不是我不知道。我們先來看看，到底苯的毒性有多高？

如果人類暴露在苯含量二萬ppm（ppm，百萬分之一）的空氣中五~十分鐘，會有致命危險。假設人暴露在這樣的環境五分鐘，所吸入的苯大約是2000mg左右。2000mg=

200萬μg，大概等於五分鐘之內抽五千支菸的量！所以，頭痛一定不是因為汽水裡的苯（假設人一分鐘吸入七公升的空氣，在苯含量二萬ppm〔ppm，百萬分之一〕的空氣暴露五分鐘，吸入的苯含量大大約是2000mg左右）。

至於致癌的量，根據美國國家環境保護局所公布的數據，每天每公斤體重食入0.004mg（4μg）以下的苯，都還沒有明確的致癌風險。如果以體重五十公斤計算，大概就是一天200μg，只要不抽菸，應該都不用擔心。

不過，如果工作環境中會大量運用到以苯為原料的有機溶劑，或是石油、農藥、油漆等含苯的物質，一定要特別注意工作場所的通風，避免吸入高濃度的苯物質，引起中毒、頭暈、眼睛不適、喉嚨發炎等症狀。

「苯」含量超標疑慮？

苯是毒性物質，而且對食物的風味、保存也沒有任何幫助，所以沒有製造商會刻意添加苯到食用油裡。食用油中的苯，只有可能有兩個來源：一個是自然背景值，另一個則是從植物中萃取油脂時，使用的溶劑裡含苯。

消基會一開始表示：「經過檢驗，某品牌三款食用油的苯含量濃度高於5ppb，超過台灣法定標準。」這句話本身有一個問題：目前全世界包括歐盟，都沒有針對食用油脂中的苯訂有限量標準，在沒有標準的情況下指稱「超標」，其實是根本沒有意義的，有無的放矢之嫌。

世界各國對於苯含量有訂定標準的，是針對水。飲用水的含苯標準，世界衛生組織是10ppb，台灣、美國、加拿大是5ppb，歐盟是1ppb。這次消基會指出有問題的食用油，食藥署測定的含苯量是4ppb，其實低於世界衛生組織、台灣、美國、加拿大對飲用水的標準；如果以最嚴苛的歐盟標準來看，我想大部分的人喝水一定比吃油多上至少五十倍，以攝取量來說，也是不用擔心的。

所以針對這次食用油事件，純粹從攝取量來看，大家真的可以不用擔心，就跟當初我在「毒茶事件」裡說的一樣：「日積月累」只是個感性用語，仔細算一算攝取量，你就會發現「有毒」跟「中毒」完全是兩回事。

至於台灣有沒有需要當全世界第一個訂定食用油含苯標準的國家，我想自有政府官員、醫師、專業人士去討論，小的在這邊不予評論。不過，這起新聞的主要推手「消基會」，這個為了消費者權利所設立的非營利性組織，最早成立的宗旨是以「和平、理性、科學」為運動方式，希望達到「推廣消費者教育，增進消費者地位，保障消費者權益」之目的。可是近年來，消基會常常因為沒有事先搞清楚科學上的證據，或是對科學證據有「獨特理解與認知」，就率先發布新聞稿，引起社會恐慌。像之前誤把學名藥當作原廠藥檢驗、或是弄錯檢驗數量級就發布給媒體，每每讓專業人士面面相覷、無言以對，也導致消基會公信力漸漸下滑，甚至成為網友口中的「反指標」。

其實，有民間團體願意監督業者與政府，是件好事，也是很重要的制衡力量，雖然這次食用油含苯的新聞是個烏龍，不過食藥署也因此計畫召開專家會議，針對檢出苯之緣由及管理方向進行研議，不能說是一件壞事。期待未來民間團體要踢爆品牌或是廠商之前，一定要再三檢視自己提出的科學證據，讓互相監督的力量可以實際發揮，讓社會更美好進步，免得總是落人口實，徒增「譁眾取寵」的惡名。

55 如何正確使用HEPA？

同事突然問我：「老大，HEPA濾網到底是什麼東西啊？以前好像是空氣清淨機用的濾網，只要有寫『HEPA』聽起來就很高級了，最近連我去買吸塵器，售貨員也說吸塵器也有HEPA？還有分什麼……九九．九五％等級的、九九．九七％等級的，我哪搞得清楚。究竟一般家庭要用到哪個等級的HEPA才夠？」

看著同事一臉「@@」的表情，這似乎的確是個讓人很困惑的議題！近年社會對於空氣污染更加注意，HEPA被塑造成一種高級的濾網，好像大家都非買不可。今年我已經在賣場看過HEPA的電扇、HEPA吸塵器、HEPA空氣清淨機，貌似什麼產品都可以HEPA一下，但卻沒有人向消費者解釋HEPA到底是什麼。它會不會只是一個行銷名詞呢？

HEPA：不是「一種濾網」而是「一個標準」

很多人以為 HEPA就是某種材質的濾網，其實有一點點差別。應該說，HEPA是符合某種標準的濾網。依據美國能源部的定義：能夠把超過九九・七％，大小為〇・三微米（μm）的懸浮微粒擋下來的濾網，就是HEPA濾網（High-Efficiency Particulate Air filter，高效空氣過濾濾網）。不論濾網是紙、不織布或玻璃纖維製成的，只要過濾效率符合這個數值，都可以稱作HEPA。

美國能源部（IEST）定義的HEPA等級

除了台灣較常見的美規，另外還有歐規，同樣的通過這些標準，就是HEPA濾網。而那些標示「HEPA-type」（HEPA型）、「HEPA-like」（類HPEA）或是「九九％HEPA」則可能是符合歐盟最低標準的EPA濾網。從上面的參考資料可以看出，在歐規當中E10-E12可以被稱為EPA，只有H13-H14等級可以被稱為HEPA；雖然EPA表現上滿接近HEPA，但還是有差別，選購的時候要注意。

分級	美規（IEST）	過濾效能
HEPA	Type A	可過濾99.7%的0.3微米顆粒
	Type C	可過濾99.99%的0.3微米顆粒
	Type D	可過濾99.999%的0.3微米顆粒
	Type F	可過濾99.7%的0.1-0.2微米顆粒

家用濾網該選擇什麼等級？

既然HEPA有這麼多種，那麼在選購時，哪種HEPA才好？或哪種HEPA就足夠了呢？

一般家中使用空氣清淨機，目的是消除掉飄浮在空氣中對人體有害的物質，比方說會深入肺部傷害肺功能的PM2.5、會引起過敏的塵蟎、花粉，或是會致病的細菌等等；而這些東西的「本尊」都是飄浮在空氣中的微小粒子，只要濾網夠力，的確是可以消除的。

PM2.5的直徑是2.5微米、塵蟎大小約是200~500微米，而HEPA可以過濾比0.3微米大的物質，可以過濾PM2.5與塵蟎；大多數的花粉直徑都在20~50微

分級	歐規（EN1822）	過濾0.3微米顆粒的效率
EPA	E10	85%
	E11	95%
	E12	99.5%
HEPA	H13	99.95%
	H14	99.995%
ULPA	U15	99.9995%
	U16	99.99995%
	U17	99.999995%

米、細菌則是在0.3~10微米左右，所以HEPA濾網也可以排除大部分的這些污染源。

簡單地說，只要是HEPA濾網，在家庭中使用哪個等級差別其實不大。不過呢，對於病毒，HEPA就沒辦法了：一般病毒大小只有0.001微米大，是HEPA無法阻止的。

HEPA等級不是越高越好

如果想要在家裡呼吸到乾淨的空氣，真正重要的是「乾淨空氣輸出率」CADR（Clean Air Delivery Rate），換個方式說，重要的是換氣次數。若以五坪大小挑高二・五公尺的空間來計算，CADR要到60 ft3／min，才能達到每小時換氣一次的效果。如果想要達到一般住家每小時換氣五~六次的標準，那就要到300 ft3／min才夠用。大家可以依此類推，算出你需要的CADR。

有些媽媽很緊張，希望空氣清淨機能消滅越多懸浮粒子越好，於是想選用那種用在專業無塵室、比HEPA更厲害的ULPA：能夠把超過九九・九九％，0.009μm的顆粒擋下來。但是一般家庭適合嗎？想想換氣次數吧！這麼細的濾網，要達到一小時換氣五次，對家庭來說幾乎是不可能，倒不如選用一般的HEPA比較實在。

該怎麼正確使用HEPA

使用HEPA濾網的第一個重要事項就是，一定要按時更換。因為HEPA只是把細菌、塵蟎擋下來，可沒辦法殺死它們，所以濾網一定要定期更換。濾網太久沒更換，加上台灣溫度濕度高，HEPA可能反而會成為細菌孳生的溫床。

第二就是使用「預濾網」（prefilter）。通常HEPA空氣清淨機的外層，會有一個孔隙比較大的預濾網。預濾網清洗、更換的越勤快，裡面昂貴的HEPA濾網就可以用得越久、效果越好：因為灰塵、塵蟎這種大顆粒，可以就交給預濾網，不用勞煩HEPA了！

還有一點很重要：如果想真正達到效果，空氣清淨機別只開一兩個小時。一般需要連續開十小時，才能真正達到空氣清淨的效果。還有，保持室內清潔，空氣清淨機過濾的只是空氣中的灰塵、細菌，如果家裡的家具、地面布滿灰塵，空氣清淨機是無法清除它們的。該打掃，該吸塵的地方還是得做，不能只靠空氣清淨機。最後，最重要的，就算使用空氣清淨機，也千萬別二十四小時都不開窗：空氣不流通，二氧化碳濃度太高，對健康是不好的。

知識才是保護自己最有效的力量。面對所有生活、公共安全的議題，利用知識判斷，不要人云亦云，才能真的好好保護自己。

第4篇

環境中的化學常識

56 不是只有彩粉會爆炸——可燃的粉塵無所不在！

八仙樂園的粉塵爆炸震驚了整個社會。

原本是音樂震天、青春熱舞的狂歡場景，一陣煙霧過去人群中竟然燒起猛烈火焰，淒厲的尖叫聲四起。看著模糊又驚悚的影片，簡直讓人不敢相信這是真實發生的事情。雖然一看到這個情景，所有理工的學生就會馬上知道「一定是粉塵爆炸」，但是過去粉塵爆很少造成媒體關注，多少人能夠事先想到要預防這種意外呢？

我一直相信知識才是保護自己最有效的力量。業者與政府當然都有責任，但與其把所有力氣花在指責政府制訂管理法令跟不上業者「創意」，或是怒斥業者沒有及時提出警告，最有效率能保護自己的還是學習，依靠知識自己判斷安全與否。這篇文章就要跟大家說明一些粉塵爆的常識，以及它在平日少被重視的危險性。

「粉塵」與「粉塵爆」

粉塵其實不是指什麼特殊的成分。任何物質只要顆粒夠細小，就是粉塵。調味用的糖粉、胡椒粉，沖泡飲品的奶粉、奶精粉，做麵包的麵粉等都可以是粉塵。

粉塵會爆炸，主要是因為粉塵顆粒小、表面積很大，比較容易氧化生熱；同時因為顆粒小，粉塵常常很輕，容易瀰漫在空氣中。若是在一個空間當中瀰漫著大量粉塵，一旦有部分粉塵被氧化放出大量的熱，就會促使更多粉塵被氧化，造成快速劇烈的連鎖氧化反應，釋放出大量熱量，就是我們看到的爆炸。

什麼地方最常有「大量的粉塵瀰漫在空氣中」呢？就是麵粉廠、澱粉廠、木工廠，甚至金屬切割廠等。只要是容易氧化的物質，在研磨之下都會形成高度可燃的粉塵四處飄散，因此「防止粉塵爆」一直都是這類型工廠的重要安全課題。工廠裡會使用防爆抗靜電的材質，或增加空氣濕度來嚴防粉塵爆，但一般民眾卻難得有人知道「粉塵會爆炸」：因為可以吃的麵粉、奶粉、玉米粉，實在很難跟恐怖的爆炸場面聯想在一起。粉塵爆有四個主要因素：粉塵濃度在爆炸上下限之間、有足夠的氧氣、粉塵本身可燃，以及火源。很多人對於粉塵爆炸危險性的輕忽，都是來自於對這些因素的輕忽。

不是開放空間就不會爆炸

粉塵太多或太少（也就是濃度太高太低）都不會引發爆炸。如果用吸管將奶粉往蠟燭吹去，你會驚訝的發現，粉塵爆炸燃燒了；但是如果點燃一枝火柴棒丟進整罐奶粉，火柴會熄滅。後者是因為粉塵濃度太高，氧氣供應不足，不會爆炸。

很多人以為只要是在開放空間，粉塵濃度就不會太高，不會爆炸；這是相當大的誤解。只要瞬間在局部濃度夠高，還是會爆炸的。事件發生時，業者被媒體訪問時說，爆炸是「因為風太大」完全是錯誤的。風大反而是好事，可以把粉塵吹散，不容易累積到爆炸下限濃度。要是沒有風，悲劇可能發生得更快……

點火燒不起來的東西，磨成粉塵也可能爆炸

烤肉架上的玉米、家裡的鋁門窗框、泡咖啡用的砂糖，這些東西直接點火都燒不起來，大家當然不覺得它們是可燃物。但是，一旦變成粉塵，玉米粉、鋁粉、細糖粉，可都是會引發大爆炸的粉塵。為什麼呢？

因為重點不是「燒得起來」，而是能不能「被氧化」。

細糖粉、玉米粉，主成分都是碳水化合物，是人體熱量的主要來源，當然是可以氧

化的；會生鏽的金屬，就表示會氧化。所以，所有碳水化合物的粉末，以及金屬粉末，都是屬於可燃粉塵，若處在這些粉塵當中都會有危險的。

此外，還有一個嚴重的誤解，有業者曾說：「這玉米粉經過『精心研發』含有水分，燒不起來啦！」

姑且不論是不是精心研發，請相信我，在體積小、高熱情況下，粉塵裡面一～五%的水分，對於阻止燃燒、爆炸，是沒有什麼幫助的！

粉塵爆並不需要真的火

前面提到「粉塵爆」始於粉塵的劇烈氧化，這種劇烈氧化的確常來自火源。不過事實上，氧化不見得需要有火焰，只要溫度夠高、氧氣充足就可以了。所以任何高溫表面（例如舞台燈光）、未完全熄滅的灰燼（例如菸蒂）、電器發出的火花（例如音響），以及摩擦產生的靜電（例如汽球），都可以成為引燃粉塵爆炸的火源。

看到這裡，你會覺得這次粉塵爆，是經過精心預防之後運氣不佳的無奈意外，還是缺乏知識、疏於防護而產生的人禍？我真心呼籲，找出火源固然是重點，但是讓這些不利因素聚集、發生的人，難道可以因為不在現場，就不需要負責任嗎？

你願意為了FUN付出多少代價？

我相信很多人會問，要怎樣預防粉塵爆炸呢？要怎樣讓這些使用彩色粉末的活動百分百安全進行呢？

坦白說，最簡單、能百分百預防的方法，就是不要讓粉塵有在空氣中散布的機會。可是，這些活動的主軸，就是大把大把的灑粉，又怎能要求百分百安全呢？

「有灑粉就不可能安全嗎？不灑粉就不HIGH、不炫，沒有FU啊！」

增加粉末裡的水分、不斷灑水增加空氣濕度，當然都可以降低意外機率，但坦白說，也都不可能百分之百防止危險。至於火源，辦活動，有可能不用燈光、音響設備嗎？就算都不用，晴朗高熱天氣，也是有引起粉塵爆炸的機會。

「那夜間活動＋灑水，總可以了吧？」

是的，似乎安全多了。但，我想反問的是，為了一時的潮、FUN、炫，你願意付出多少代價？社會又應該付出多少代價？真的這麼有趣，值得我們付出那麼多嗎？

很多歡樂的場合都潛藏樂極生悲的風險。噴太多髮膠會讓你的頭髮變成可燃物，舞台燈的高熱可以讓你成為火鳥頭；拉炮和彩帶噴罐，也都是見火即燃的物質。就連舞台上特效常用的乾冰、液態氮，也都有致命的危險。二〇一三年，墨西哥曾有一個派對在泳池裡倒入液態氮營造好炫的舞台效果，造成賓客死亡；使用乾冰的舞台活動，也發生過因為二氧化碳濃度過高，造成現場人員昏迷甚至變成植物人。這些活動的主辦單位或許只是為了營造效果，不是故意製造危險，但缺乏知識的代價就是付出他人的生命。

回到一開始說過的，知識才是保護自己最有效的力量。面對所有生活、公共安全的議題，利用知識判斷，不要人云亦云，才能真的好好保護自己。

57 不是Note 7也要注意！鋰電池正確充電保養三祕訣

三星Note 7手機傳出自燃、爆炸意外後，一時間，關於鋰電池、行動電源的安全問題，瞬間成為大眾矚目焦點。

「會爆炸的手機誰敢用！」

「手機又不是炸彈，怎麼這麼容易爆炸？一定有陰謀！」

看在化工人的眼裡，有些網路提問還真是不知道該從何解釋起。到底鋰電池是什麼？為什麼航空公司櫃檯總是會提醒我們托運行李中不能有鋰電池？還有最近的手機爆炸事件，為什麼會發生呢？

簡單認識鋰電池

電池中的成分多元且複雜，鋰電池只是個統稱。簡單說，使用鋰（Li, lithium）及其合金、化合物做為負極的化學電池，都可以叫做鋰電池。一般在手機、電子商品裡使用的鋰電池，比較正式一點的說法，是「鋰離子二次電池」，也就是可以充放電、重複使用的鋰電池。

「為什麼一定要用鋰電池呢？明明有比較安全的電池啊，為什麼不用？」

問得好！回答這個問題之前，我想先反問大家，對於手機的厚度、重量、待機時間，你的期待是什麼？

「當然是越輕薄、待機時間越久越好啊！」

這就是鋰電池可以脫穎而出的原因：鋰的密度小（0.53克／立方公分，比水還輕）、電壓高（Li+ + e-→Li的反應電動勢有3.0伏特），所以「能量密度」（energy density）很高，使用鋰電池，可以讓3C產品更輕、更小、用更久！是不是很美好呢？

除此之外，鋰電池還有不必擔心記憶效應、壽命長、適用溫度範圍廣等優點，幾乎可以說是電子產品的唯一首選！可是，鋰離子電池，卻也是這幾次爆炸意外的主角。

鋰離子電池為何會爆炸？

電池會自燃、爆炸的原因，通常都是過熱。

大家一定都有這個經驗：手機充電時，或是長時間高功率使用，像是用來看劇、錄影，手機都會熱熱的。這是因為鋰電池不論是充電或放電，都是讓鋰離子在正極、負極之間移動，這個過程會產生熱能。如果電池或電路設計不良，使熱能急速產生，就有可能發生熱失控（thermal runaway）現象：放熱造成反應速率加快，而反應速率加快又造成更多的放熱，讓溫度越來越高、反應速率越來越快，最後就造成起火燃燒或爆炸了！

熱失控的成因，無非是製造上的瑕疵，或不正常的使用，例如：短路、強迫充電或太過急速的充電、放電。Note 7 最近的爆炸事故，不外乎也是上述的原因之一。觀察新聞，一開始爆炸的案例都是在充電時發生，所以有人推測是因為廠商強化了快速充電功能，導致電池充電過程的過熱，再加上安全保護層出現瑕疵，引發失火；不過，後來發現有些爆炸情況發生在運送過程中，可見這樁的電池爆炸問題不只是電池中防護層的不穩定，而可能是電解液的配方或是正負極的絕緣出現問題與瑕疵。

使用注意：使用上切記勿過充、勿用到低電量、注意溫度

就算不是Note 7，我們生活中也充滿了各式鋰電池，怎麼使用才安全呢？鋰電池有幾點要特別注意：

一、鋰電池使用至極低電量時易受到損傷，造成壽命減短電池容量減少；

二、過度充電，也就是在滿電狀態時持續充電，容易造成電池受損。

第一點要避免很簡單，一旦電量顯示一五％或二〇％以下，就趕快充電。至於第二

點，現在手機都有設定過充保護，電量充滿即會停止充電，不容易發生問題。此外，鋰電池怕熱怕冷也怕摔，在零度C以下或四十度C以上的環境中充、放電，不只效率差，也會使電池受損。摔得話則是有可能會造成電池內部安全保護層受損，容易引起意外。

搭飛機時，托運行李常常會有碰撞的情形，貨艙中的溫度也常常因不同天候條件改變，鋰電池在這樣不穩定的環境中風險會增加，這也是為什麼鋰電池現在須隨旅客的隨身行李上機，不能放在托運行李中。

所以建議如果家裡有不要的舊手機，請務必送去回收點，不要隨意當一般垃圾丟棄：因為有鋰電池，不知道哪天會被摔到或戳到，避免增添不必要的危險因素。

自從鋰離子電池問世至今，已經默默推動好幾次的消費性電子產品的革新。不過人類的慾望無窮，大家對於電池的要求也越來越高，不但希望電池更輕薄短小、續航力更久，更希望充電的時間越短越好！面對這樣的情況，除了仰賴科技進步之外，消費者也務必要培養良好的使用習慣，才能善用科技的便利，避免意外傷害。

58 水龍頭打開，水還是濁的，關鍵就在水塔！

蘇迪勒颱風襲台，一夜強風暴雨過去，等風雨稍歇，準備清理環境時，打開家中水龍頭，赫然發現，哇！水好髒！濁濁的！別說刷牙、漱口、煮飯了，連洗衣服都擔心會不會洗不乾淨……打開新聞一看，「台北自來水事業處表示，蘇迪勒颱風襲台，造成新店溪水濁度持續飆高達三萬度以上……」

水濁濁的的確很困擾，不過，看了新聞的解釋，你真的了解「濁度」是什麼嗎？為何颱風明明帶來豐沛的水量，反而會造成停水呢？

濁度到底是什麼？

濁度（turbidity），指的就是水混濁的程度。新聞中講的「原水濁度高達三萬度以上」，那個「度」，就是濁度的單位。依據不同的定義方式，濁度的單位（Turbidity Unit, TU），有JTU、NTU、FTU之分。

為什麼濁度的單位那麼複雜呢？那得從濁度測量的基本原理說起。所有濁度測定的基本原理都一樣：越混濁的水，一定比較不透光，所以越不透光的水，濁度越高。

「謝博士，這定義很清楚啊？有什麼問題嗎？」

問題就在於：怎麼測？

最原始的濁度測定，是用一根一百二十公分長的玻璃管，在底部點一根蠟燭，眼睛從管口望下看，看水裝到多高，燭光會看不見：水位越高，代表濁度越低。這個測定法很直觀，但也很不精準：我覺得燭光看不到，不代表你也看不到啊！所以科技進步後，開始用儀器（分光光度計）去測有多少光線可以透過樣本；更進步一點，是在與光線呈九十度的方向上，觀測有多少被散射的光線。

雖然都是測光，但方法不同，測出來的結果也不同。再者，除了水中懸浮物之外，水裡的氣泡、油脂、懸浮物的顏色……都會影響濁度測定。所以，濁度的單位以及測定方法本身，就是一門大學問。

我們以「原水濁度三萬度」為例子，依照最原始的定義，一公升的水裡面，含有1mg的二氧化矽懸浮物（就是沙子啦），濁度就是一度來算的話，三萬度就是一公升的水裡有三十克的沙！

看到這，你應該嚇到了吧？這是因為颱風帶來的雨水，沖刷河床、兩岸，造成河水中懸浮的泥沙增加，所以濁度才會大大提升。基本上，等風雨過去，水流量穩定之後，大概一、兩天，就會恢復正常了。

原水濁度對自來水廠的影響

很多人家裡都有裝家用濾水器，可能是單管、雙管濾心，也可能是逆滲透式的，所以大概很難想像，為什麼原水濁度升高，會造成自來水也變得混濁。

「對啊！一定是自來水廠偷懶不去換濾心，或是停電沒過濾！」

相信我，真的不是這樣的。

台灣現行的自來水過濾程序，大概可以分成「凝聚」、「沉澱」、「過濾」、「消毒」四個步驟。首先，在取水口之前，會有攔污柵和沉砂池，可以把一些大型的懸浮物，像是樹幹、大塊的砂石、大型垃圾擋掉。取進來的原水，裡面還有很多細小顆粒，不容易沉澱，所以在經過分水井時加入明礬之類的化學藥劑，並在快混池中快速攪拌，讓這些藥物可以和懸浮物充分混合，形成比較大的懸浮顆粒；接著在混凝池中慢速攪拌，讓這些小顆粒凝聚成大顆粒，變得更重。沉澱物在經過沉澱池時，會降到底層，上層的清水，就繼續流到下個快濾池，再利用由無煙煤、濾砂、礫石等按照顆粒大小堆成的濾床，層層過濾，得到清水。最後清水經過加氯消毒，就成為我們打開水龍頭就可得到的自來水了。

所以，當颱風一來，河川水位暴漲，不只原水變得混濁，連帶水流速度也加快。本來要一關一關過的淨水程序，也因為流速太大，變得沒有足夠的時間進行凝聚、沉澱、過濾的過程，一下子就跑出去了！要解決這個問題其實也不難，就是直接不供水，等原水的濁度降低再說。但考量到停水的種種不便，自來水公司繼續供水，所以就造成家裡的水龍頭打開，水濁濁的了。

該怎麼處理家裡的檸檬汁自來水呢？

其實以台灣進水廠的能力跟處理程序，應該在颱風過後第二天，供水就可以合乎標準了。台北市自來水事業處也表示，八月十日上午七點，淨水場出水濁度在〇．三到一之間，水質不會黃濁，已符合標準。

「謝博士你騙人！我家水龍頭打開，自來水還是濁濁髒髒的啊！」

為什麼？原因很簡單：因為你家水塔裡還有前一天進來的髒水。

想要加快自來水變乾淨的速度，可以把水塔放乾，讓新的自來水流進來，水就會乾淨了。當然，趁這個機會清洗一下住家水塔，也是不錯的。

此外，颱風過後，為了避免自來水中的生菌數濃度偏高，自來水廠加氯消毒的濃度也會提高。強烈建議不管家裡有沒有淨水器，水還是一定要煮沸再喝。水煮到大滾之後，把蓋子打開，轉中火再煮三分鐘，就可以關火了，讓裡面的蒸氣自然散發，可以幫助去除三鹵甲烷。千萬不要以為水滾越久越好喔！

國家圖書館出版品預行編目資料

謝玠揚的長化短說：化工博士教你一定要知道的餐桌、美容保養、居家清潔的58個化學常識 /謝玠揚著. -- 初版. -- 臺北市：健行文化出版：九歌發行, 2017.08
面；　公分. -- (i健康；33)
ISBN 978-986-94307-8-4(平裝)

1.化學 2.常識手冊 3.問題集

340.22　　106010876

i健康 33

謝玠揚的長化短說 化工博士教你一定要知道的餐桌、美容保養、居家清潔的58個化學常識

作者　謝玠揚
責任編輯　曾敏英
發行人　蔡澤蘋
出版　健行文化出版事業有限公司
台北市105八德路3段12巷57弄40號
電話／02-25776564・傳真／02-25789205
郵政劃撥／0112263-4
九歌文學網　www.chiuko.com.tw
印刷　晨捷印製股份有限公司
法律顧問　龍躍天律師・蕭雄淋律師・董安丹律師
發行　九歌出版社有限公司
台北市105八德路3段12巷57弄40號
電話／02-25776564・傳真／02-25789205
初版　2017年 8月
初版 3 印　2018年12月
定價　320元

書號　0208033
ISBN　978-986-94307-8-4
（缺頁、破損或裝訂錯誤，請寄回本公司更換）